서강 육군력 총서 **3**

서강대학교 육군력연구소 기획
이근욱 엮음
공진성·김보미·니브 파라고·리처드 베츠·
수잰 닐슨·이근욱·최아진 지음

민군관계와
대한민국
육군

Civil-Military Relations and ROK Army

한울
아카데미

이 책은 2017년 6월 "민군관계와 대한민국 육군"이라는 제목으로 개최되었던 제3회 육군력 포럼의 발표 논문을 묶은 것입니다. 이것은 포럼의 성과이자 기록입니다. 2015년 제1회 육군력 포럼의 성과는 2016년 6월 『21세기 한국과 육군력: 역할과 전망』으로 출간되었으며, 2016년 제2회 육군력 포럼의 성과는 2017년 6월 『미래 전쟁과 육군력』으로 출간되었습니다. 이번에 출간되는 책은 그에 이은 제3회 포럼의 성과물입니다.

제1회 포럼의 주제가 2015년 시점에서 한국 육군의 상황을 학문적으로 진단하는 것이었다면, 제2회 포럼은 미래 전쟁에 대한 분석과 정치/군사적 변화 문제를 다루었습니다. 이어 제3회 포럼의 주제이자 이 책의 핵심은 민군관계(Civil-Military Relations)입니다. 모든 국가에서 민군관계는 정치적 논의에서 매우 중요한 사안으로 특히 한국과 같이 두 번의 쿠데타를 경험했던 국가에서 그 함의는 더욱 중요합니다.

바로 이러한 이유에서 군(軍)의 행동은—특히 육군의 모든 행동은—정치적으로 주목받고, 또한 정치적으로 해석됩니다. 과거 경험에 따르면 이러한 민간 부문의 반응은 충분히 납득할 수 있으며, 민(民)이 군에 대해 가지는 입장에 영향을 미칩니다. 그러나 2018년 현재, 제도적 민주화가 이루어진 지 30년이 지난 이 시점에서 민군관계는 새로운 차원으로 발전해야 합니다. 이러한 측면에서 한국 민주주의의 진정한 완성은 민간 지도자들이 군의 행동을 정치적인 위협으로 인식하지 않을 때 이룩된다고 할 수 있습니다. 민간이 군의 움직임에 "움찔하지 않을 때", 그래서 1961년과 1979/80년의 그림자에서 완전히 해방될 때, 한국 민주주의는 완성됩니다.

또 다른 측면에서, 민군관계의 함의는 국내정치에 국한되지 않습니다. 모든 국가는 생존을 위해 군사력이 필요하며 민군관계는 군사적 효율성의 상당 부분을 결정하는 한편, 안보 문제를 논의함에 있어 반드시 고려되어야 하는 요소입니다. 군의 존재를 정치적인 위협으로 인식할 경우, 정치 지도자들은 자신들의 권한을 이용하여 군을 약화시키고 분열시키려고 행동합니다. 일례로, 북한을 비롯한 많은 비민주주의 국가의 정치 지도자들은 "총구에서 나오는 권력"을 두려워하며, 이 때문에 외부 위협에 직면한 상황에서도 독재자의 권력 유지를 위해 "총구" 자체를 약화시키고 군사적 효율성을 의도적으로 저해합니다. 즉 한국의 경우에, 민군관계의 성숙은 국내 민주주의의 완성을 의미함과 동시에 한국 군사력의 강화 및 진정한 군사혁신의 촉매제로 작동할 수 있습니다.

이러한 효과를 달성하기 위해서는 정치 지도자들이 군을 신뢰하고 통제할 수 있어야 합니다. 그리고 민간 부문의 독자적인 전문성이 필수적입니다. 정치 지도자들이 군을 신뢰하고 군의 전문성을 활용하기 위해 군에게 많은 권한과 자원을 제공해야 하지만, 동시에 국방/안보 문제에서 권한을 위임받은 군이 자신의 조직이익을 추구하지 않도록 통제해야 합니다. 이것은 민간 부문이 국방/안보 문제에서 독자적 전문성을 가지고 있어야만 가능합니다.

이번 책이 햇빛을 볼 수 있었던 것은 육군력 포럼 준비 및 진행을 도와주신 많은 분들 덕분이었습니다. 우선 대한민국 육군을 대표하여 장준규 前 육군참모총장님께 감사드립니다. 장준규 대장님의 도움은 제3회 육군력 포럼을 가능케 한 원동력이었습니다. 제3회 포럼을 도와주셨던 김현종 장군님과 표창수 장군님께도 감사드립니다. 무엇보다 이번 프로젝트가 진행되는 과정에서 실무를 담당하셨던 김선근 중령님께 감사드립니다. 김선근 중령님 덕분에 제3회 포럼이 가능했습니다.

서강대학교에서도 많은 분들이 도와주셨습니다. 특히 이번 포럼에서 축사를 해주셨던 박종구 총장님께 감사드립니다. 서강대학교 정치외교학과 동료 교수님들 또한 익숙지 않은 육군력 포럼에도 불구하고 많이 도와주셨습니다. 포럼에서 발표와 토론을 맡아주셨던 여러 선생님들에게도 감사드립니다. 무엇보다 포럼 운영 과정에서 많은 도움을 주었던 여러 대학원생들에게 감사드립니다. 김재현, 박지나, 성다은, 이다정, 이보미, 이연주, 추정연 씨 등의 노력이 없었더라면 업무 진행은 불가능했을 것입니다. 감사합니다. 무엇보다 서강대학교 대학원에서 위탁교육 중 행사 진행의 실무를 맡아주셨던 이유정 소령님께 감사드립니다.

이번에 출판되는 서강 육군력 총서 3권은 2017년 6월 20일 국방컨벤션 센터에서 개최된 제3회 육군력 포럼에서 발표된 원고를 수정한 것이다. 당시 포럼의 주제는 "민군관계와 대한민국 육군"이었으며, 기조연설은 미국 컬럼비아 대학의 베츠(Richard K. Betts) 교수가 담당하여 "민군관계와 핵 안보"라는 화두(話頭)를 제시했다. 제1세션에서는 "민군관계와 군사력"이라는 주제로, 그리고 제2세션에서는 "한국 민군관계와 대한민국 육군"을 주제로 해외학자를 포함한 총 6명의 학자들이 논문을 발표했다.

　　그렇다면 이러한 포럼 주제는 왜 선정되었는가? 모든 국가에서 민군관계는 껄끄러운 주제이며, 특히 한국에서는 더욱 그러하다. 1961년과 1979/80년 두 번의 쿠데타를 경험한 대한민국의 입장에서, 민군관계는 매우 껄끄러운 주제이다. 하지만 2017년 제3회 육군력 포럼은 민군관계를 다루었다. 그렇다면 포럼의 대주제인 "민군관계와 대한민국 육군"은 어떠한 이유에서 선정되었는가? 그리고 개별 세션에서 다루었던 소주제는 대주제와 어떻게 연결될 수 있는가? 이러한 연구 주제의 선정에 대한 사항은 본격적으로 연구 내용을 제시하기 전에 반드시 검토될 필요가 있다.

I. 대주제: 민군관계와 대한민국 육군

제3회 육군력 포럼의 대주제는 민군관계이다. 국방/군사 관련 회의에서 민군관계는 잘 다루어지지 않는 주제이며, 설사 다루어진다고 해도 대부분 "건전한 민군관계가 중요하다"는 실질적으로는 무의미한 주장으로 끝난다. 그렇다면 "건전한 민군관계"란 무엇인가? 보통 "건전한 민군관계"라고 해도, 군(軍)이 민간 정부의 통제에서 벗어나는 것을 의미하지 않으며, 문민통제(civilian control)를 인정하는 가운데 정치 지도자들이 군이 요구하는 인력과 자원을 제공하면서 군사력 구축과 사용에서는 군의 완벽한 자율권을 보장하는 것을 지칭한다. 그리고 이러한 "건전한 민군관계"는 헌팅턴(Samuel P. Huntington)이 제시한 객관적 문민통제(objective control)로 정당화된다.

하지만 이와 같은 방식으로 민군관계를 이해하는 것은 많은 문제를 초래하며 한국군, 특히 육군의 발전에 도움이 되지 않는다. 첫째, 군의 자율권을 강조하는 헌팅턴의 주장은 1950년대에 등장해 이미 60년이 지난 옛날 이론이다. 즉, 민주주의가 제도화되지 못한 국가들이 많았던 당시 시대적 특수성하에 만들어진 이론으로서, 민군관계를 객관적 문민통제와 주관적 문민통제의 양분법으로 이해한다. 1957년 헌팅턴은 미국의 민군관계와 객관적 문민통제를 분석하면서, 보수적인 군과 자유주의적인 사회 사이의 격차가 존재하며 이를 해소하기 위해서는 사회가 자유주의적인 가치를 포기해야 한다고 주장했다. 따라서 미국이 점차 보수화되어 결국 미국 민주주의는 쇠퇴하고 군국주의로 전락한 것이라고 예측했다. 하지만 이러한 주장은 잘못되었다. 미국에서는—그리고 한국에서도—민주주의적 가치는 여전히 유지되고 있다.

헌팅턴 이론에서 나타나는 이러한 문제점은 현실에서 발생하는 많은 문제를 설명하지 못한다. 헌팅턴 이론에 따르면—그리고 "건전한 민군관계"를 강조하는 입장에 따르면—정치 지도자들은 군에 인력과 자원을 제공하고, 전문성을 가진 군에게 자율성을 보장하며, 전문성이 없기 때문에 직접적인 개입은 가능한 한 자제해야 한다. 하지만 현실에서 이러한 "건전한 민군관계"는 존재하지 않는다. 또한 "전쟁은 다른 수단으로 진행되는 정치의 연속"이라는 클라우제비츠(Carl von Clausewitz)의 주장을 수용한다면, 정치는 전쟁 수행 및 전쟁 준비와 관련된 모든 부분을 포함하므로 국방 문제에 정치 지도자들이 개입하고 그로 인하여 군의 자율성과 전문성이 약화되는 것은 불가피하다. 즉, 헌팅턴 이론의 객관적/주관적 문민통제의 양분법은 현실에서 나타나는 민군관계의 다양성을 분석하지 못한다.

이 때문에 우리는—제도적 민주주의가 완성된 한국은—민군관계를 보다 새로운 시각에서 바라보아야 한다. 헌팅턴의 주장과 달리 미국에서—그리고 한국에서—사회는 자유주의적 성향을 유지하고 있으며, 정치 지도자들은 군의 전문성을 존중하지만 간헐적으로 개입한다. 물론 헌팅턴의 이분법에 근거하여 국방/군사 문제에 대한 정치 지도자의 개입 일체를 비난할 수 있지만, 이것은 현실을 분석하거나 정책 조언을 제공하는 것이 아니라 단순한 정치적 비방에 지나지 않는다. 현실을 이해하고 분석하기 위해서, 민군관계에 대한 새로운 시각이 필요하다.

둘째, "건전한 민군관계"의 본질을 이해해야 한다. 현실에 존재하는 그리고 존재할 수밖에 없는 전문성이 부족한 정치 지도자들의 "개입"은 문제를 야기할 수 있지만, 동시에 문제 발생을 예방하기도 한다. 가장 유명한 사례는 1962년 10월 쿠바 미사일 위기에서 쿠바 봉쇄를 어떻게 집행할 것인가를 둘러싸고 벌어진 맥나마라(Robert S. McNamara) 국방장관과 해군 작전사령관 앤더슨(Geroge W. Anderson) 제독의 설전이다. 앤더슨 제독이 전문성에 입각하여 봉쇄선을 돌파하려는 소련 선박을 공격하겠다고 주장하자, 맥나마라는 소련과의 우발적인 충돌을 예방하기 위해 대통령의 명시적인 승인이 없는 경우에는 어떠한 경우에도 공포탄이든 실탄이든 발포해서는 안 된다고 강조했다. 이와 같은 노력 덕분에 미국과 소련 사이에서 1962년 10월 핵전쟁이 발발하지 않았으며, 세계는 구원되었다.

물론 반대의 경우도 존재한다. 이라크 침공 직전인 2003년 2월 신세키(Eric K. Shinseki) 육군참모총장은 동원 병력이 부족하다고 의회에서 증언했으나, 럼즈펠드(Donald H. Rumsfeld) 국방장관은 참모총장의 평가가 "터무니없다"고 반박했다. 하지만 2003년 3월 침공 이후 미국은 이라크 상황을 장악하는 데 실패했고, 이와 같은 실패의 상당부분은 병력 부족에서 기인했다. 결론적으로 정치 지도자들의 개입은 중요하고 필요하며, 전문성에 기초한 장교단의 조언은 경우에 따라서 매우 위험할 수 있다. 하지만 민주주의 국가에서 최종 결정권한을 가진 정치 지도자들이 자신들의 권위를 내세우면서 장교단의 전문적인 조언을 무시하는 것 또한 심각한 위험을 초래할 수 있다.

이러한 상황에서 우리가 생각할 수 있는 "건전한 민군관계"는 결국 대화와 소통에 기초해야 한다. 정치 지도자들과 군 지휘부는 국방 및 안보 관련 사안에 대해 지속적으로 대화하고 의견을 교환해야 한다. 많은 경우에 이야기되는 "인력과 자원을 제공하고 권한을 위임"하는 방식에서는 대화가 존재하지 않는다. 정치적인 신뢰를 얻어 강력한 권한을 위임받았다고 하더라도, 정치 지도자와 군 지휘부는 많은 문제에 대해 의견을 교환하고 대화를 통해 상대방의 의도를 파악해야 한다. 어떠한 경우에서도 최종 결정권한은 정치 지도자에게 있고 군 지휘부는 정치 지도자의 최종 결정을 수용해야 하기 때문에, 결정이 이루어지는 과정에서 민군(民軍) 간의 대화는 매우 중요하다.

그럼에도 헌팅턴의 주장에서는 민군 간의 대화가 들어갈 논리적인 공간이 존재하지 않는다. 상호 신뢰와 존중 그리고 전문성에 기초한 위임이 있을 뿐 민군 간의, 즉 정치 지도자와 군 지휘부의 대화는 없어도 무방하다. 이것은 적절하지 않다. 논리적으로 수용될 수 없으며, 무엇보다 현실에서 나타나는 정치 지도자와 군 지휘부의 의견 교환 및 상호 이해를 도외시한다는 심각한 문제점이 있다. 이 때문에 우리는 민군관계를 새롭게 이해할 필요가 있다. 객관적 문민통제가 확립된 이후에도 지속적으로 발생하는 민군관계의 문제를 분석하기 위해서 새로운 시각은 필수적이다.

II. 소주제 1: 민군관계와 군사력

민군관계를 다루었던 제3회 육군력 포럼의 첫 번째 소주제는 "민군관계와 군사력"이었다. 이러한 소주제는 보다 일반적인 차원에서 민군관계를 조명하려는 의도에서 제시되었으며, 특히 민주주의가 확립된 그래서 객관적 문민통제가 정착한 미국과 이스라엘의 사례를 집중적으로 조명했다. 최종 결정권한을 가진 정치 지도자들과 군사 문제에서 전문성을 가진 장교단의 상호작용은 모든 경우에 존재하며, 전쟁이 시작되기 이전에는 당연히 그리고 전쟁이 진행되는 과정에서도 필연적으로 나타난다.

하지만 이러한 대화는 동등한 행위자들 사이에서 진행되지 않는다. 모든 사안에 있어 최종 결정권한은 정치 지도자들이 가지고 있으며, 군 지휘부는 정치 지도자의 결정에 조언할 수 있지만 일단 결정이 이루어지면 전적으로 따라야 한다. 이러한 측면에서 정치 지도자와 군 지휘부의 대화는 불평등하다. 즉, 권한이 동등하지 않기 때문에 대화 자체도 평등할 수 없다. 권한을 평등하게 만드는 것은 민주주의와 문민통제의 기본 원칙 때문에 불가능하며, 결국 중요한 사안은 "불평등한 대화(Unequal Dialogue)"를 보다 생산적인 방향으로 진행하는 것이다.

모든 경우에 있어 최종 결정권자는 보다 넓은 시야를 가지고 다양한 사안을 종합적으로 고려해야 하며, 이 때문에 전문성이 부족하고 개별 사안에 대한 구체적인 정보를 가지고 있지 않다. 이것은 지극히 당연하며 동시에 종합적 판단을 위해서 필수적인 요소이기도 하다. 즉, 불평등한 대화는 모든 조직에서 존재하며, 국가라는 거대 조직에서도 예외는 아니다. 이러한 이유에서, 국가 정책이 결정되는 과정에서 전문성을 가진 장교단의 조언이 중요하며 동시에 최종 결정권한을 가진 정치 지도자들은 이러한 조언을 참고하여 적절한 결정을 내려야 한다. 이 과정에서 군 지휘부는 자신들의 전문적인 조언이 쉽게 수용될 수 있도록 평화 시에 정치 지도자들의 군사문제에 대한 관심과 이해가 높아지도록 노력해야 한다. 이러한 대화와 상호작용은 오랜 시간을 필요로 하지만, 이 과정에서 구축된 신뢰관계는 위기 또는 전쟁 시에 효과를 발휘한다. 미국과 이스라엘에 대한 연구는 이러한 대화 및 신뢰관계의 중요성을 잘 보여준다.

한편, 정치 지도자들이 최종 결정권한을 가지고 있기 때문에, 불평등한 대화는 "틀릴 수 있는 권리(Right to Be Wrong)"라는 개념과 직결된다. 다시 말해서, 정치 지도자들에게 최종 결정권한이 있다는 것은 정치 지도자들은 전문성에 입각한 군 지휘부의 조언을 무시할 수 있다는 사실을 의미한다. 이른바 "정무적 판단"에 의해 민간관료의 조언이 기각되는 것과 마찬가지로, "정치적 고려"를 우선시하는 경우 장교단의 조언 또한 기각될 수 있다. 기업 CEO가 재무부서의 전문적인 의견을 기각하고 새로운 사업에 대한 투자를 결정할 수 있는 것과 동일하게, 대통령과 수상은 군의 조언을 기각하고 정무적 판단에 의거하여 새로운 정책을 결정할 수 있다. 이것은 기업 CEO와 대통령의 고유 권한이다.

그렇다면 이러한 상황에서 어떠한 위험이 존재하는가? 재무부서의 의견을 기각한 CEO는 재원조달과 관련된 부분에서 어려움에 직면할 가능성이 높으며, 군의 조언을 기각한 군 통수권자는 안보 위기에 빠질 수 있다. 이러한 위험 때문에, 정치 지도자들은 전문성에 기초한 군의 조언을 무조건적으로 수용해야 한다는 주장까지 가능하다. 하지만 이것은 최고 결정권자의 권한을 인정하지 않는 행동이며, 문민통제를 실행하는 민주주의 국가에서는 실현될 수 없고 실현되어서도 안 된다. 이 때문에 "틀릴 수 있는 권리"는 매우 중요한 의미를 가진다.

단, 해당 주제에 대한 연구는 "틀릴 수 있는 권리"에 수반되는 위험이 경험적으로 크지 않다는 사실을 시사한다. 즉, 논리적으로는 위험이 존재하지만, 여러 가지 이유에서 그 위험은 그다지 크지 않으며 많은 경우 위험은 중화된다. 이 때문에 "틀릴 수 있는 권리"를 인정하고 있는 민주주의 국가들은 현실에서 살아남으며, 대부분의 전쟁에서 승리했다. 덕분에 민주주의 정치체제는 경쟁에서 살아남았고, 지난 200년 동안 국제정치에서 최종 승리자로 군림하게 되었다.

III. 소주제 2: 한국의 민군관계와 대한민국 육군

그렇다면 한국의 민군관계는 어떠한가? 그리고 한국이라는 특유의 정치환경과 민군관계에서 대한민국 육군은 어떠한 방향으로 나아가야 하는가? 1961년과 1979/80년 두 번의 쿠데타 이후, 한국에서 군에 대한 인식은 긍정적이지 않으며 상당수 정치 지도자들은 군에 대해 제한적인 의구심을 가지고 있다. 세 번째 쿠데타 가능성이 사라진 현재 시점에서 한국은 이전과는 다른 민군관계를 정립해야 한다. 70년 전 헌팅턴이 제시한 객관적/주관적 문민통제와 군의 전문성 존중이라는 오래된 주장 대신, 모든 민주주의 국가가 경험하는 "불평등한 대화"의 관점에서 새롭게 민군관계를 풀어나가야 한다. 물론 이러한 논의의 출발점은 한국 민주주의에 대한 절대적인 지지와 수용이어야 한다.

그렇다면 앞으로 한국 민군관계는 어떻게 발전해야 하는가? 가장 핵심적인 사안은 군에 대한 민간의 인식 자체를 개선하는 것이다. 현재 널리 수용되고 있는 군과 시민사회의 대립 구도는 사실상 정치적 자유주의의 산물이다. 이에 따르면 민주주의는 개인의 자유와 권리를 강조하며 사회에 대한 국가의 개입을 최소화하는 정치체제이다. 하지만 대한민국 육군은 특정 계급이 통제하는 무력이 아니라 대한민국이라는 국가가 소유한 조직이다. 즉, 대한민국 군은 개인의 자유와 권리를 완벽하게 존중하는 자유화된 조직은 아니지만, 최소한 민주화된 군대이며 국가가 통제하는 무력이다. 그리고 이를 통해 시민의 덕성(德性, virtue)을 함양하고, 자유주의적이지는 않지만 공화주의적 민주주의의 발전에 기여했다. 이것 자체는 훌륭한 업적이며, 대한민국 육군과 대한민국 민주주의를 연결하는 중요한 고리이다.

또 다른 사안은 "불평등한 대화"와 관련된 사항이다. 문민통제의 원칙에 따라 군사 문제에 대한 최종 결정권한은 선거를 통해 선출된 정치 지도자들이 가지고 있다. 이 때문에 민군 간의 대화는 불평등할 수밖에 없다. 2018년 현재 그리고 미래의 어느 시점에서도 세 번째 쿠데타의 발생 가능성은 사라졌다. 이제 민군 간의 대화에서 민(民)을 대표하는 정치 지도자들은 군의 전문성을 존중하면서 더욱 많은 대화를 가져야 하며, 권한의 불평등성이 유지되는 범위에서 대화 자체는 평등하게 이루어지도록 노력해야 한다. 즉, "불평등한 대화"를 "불평등한 권한에 기초한 평등한 대화(Equal Dialogue, but Unequal Authority)"로 발전시키는 것이 중요하다.

한편, 대화가 평등하지 않고 권한이 독점된 상황에서 정치 지도자가 장교단을 경쟁상대로 인식하는 경우 많은 문제가 발생한다. 즉, 헌팅턴이 제시한 객관적 문민통제가 성립되지 않는 경우에 군사적 효율성은 감소하며 민군관계의 긴장은 상당한 부작용을 야기한다. 북한 특유의 당군관계는 바로 이러한 병폐의 대표적인 사례이다. 어떤 정파가 아니라 김정은이라는 특정 개인이 지배하는 독재정권에서 핵무기를 보유하는 동기와 핵무기 보유 이후의 지휘통제체계는 다른 민주주의 국가와는 상당한 차이를 보이게 된다. 그리고 우리는 이러한 북한의 특이성을 이해하고 이를 이용하기 위해, 북한의 민군/당군 관계를 더욱 면밀히 살펴볼 필요가 있다.

세계는 변화하며 우리가 직면한 안보환경 또한 가변적이다. 하지만 일부 사항은 변화하지 않으며 변화하지 않아야 한다. 대한민국은 민주주의 국가이며, 민주주의 국가이어야 한다. 이러한 불변의 조건 때문에, 우리는 민군관계에 관심을 기울이고 보다 건전한 방향으로 "불평등한 대화"가 이루어질 수 있도록 노력해야 한다. 이것은 군이 아니라 정치 지도자와 이러한 정치 지도자를 선출한 민간 부문의 책임이다. 클레망소(Georges Clemenceau)의 주장과 같이, "전쟁은 너무나도 중요하기 때문에 군인들에게만 맡겨둘 수 없다". 이 때문에 민간은, 특히 민간 부문을 대표하는 정치 지도자들은 최종 결정권한에 안주하지 않고 대화와 소통을 통해 군사 및 안보 분야에 대한 이해를 높이고 부족한 전문성을 보충하기 위해 노력해야 한다. 1987년 이후 군이 보여주었던 노력에 걸맞은 민간의 노력이 필요하다.

제1부

민군관계와 군사력

　　모든 국가는 스스로를 방어하기 위해서 군사력이 필요하다. 즉, 생존을 위해 국가는 군사력 건설에 필요한 자원을 마련하며, 군사문제에 대한 전문성을 가진 군(軍) 또는 장교단(Officer Corps)은 제공된 인력 및 재정 자원을 가지고 요구되는 군사력을 건설한다. 군사력 사용은 국민의 위임을 받은 정치 지도자들이 결정하지만, 이 과정에서 장교단은 전문성에 기초하여 조언하며 정치 지도자들은 이러한 전문적인 조언을 수용해야 한다. 이와 같은 주장은 거의 공리(公理)에 가깝게 모든 사람들이 인정하고 받아들인다. 하지만 현실에서 이와 같은 주장이 논리적으로 쉽게 나타나지 않는다. 제1부에서는 바로 이러한 문제를 다룬다. 즉, 군사/안보 문제에 있어 군의 전문적인 조언이 중요하다면, 군사력 건설 과정에서 건설된 군사력을 사용하게 되는 정치적 상황 역시 고려되어야 하며 이를 위해서는 정치 지도자들의 개입이 필요하다. 또한 군사력이 실제 사용되는 상황에서도 군사력 사용이 정치적 상황을 변화시키지 않도록 정치 지도자들의 관여가 필수적이다. 클라우제비츠가 이야기했던 것과 같이, "전쟁은 다른 수단으로 진행되는 정치의 연속"이기 때문이다. 약간 과장하자면, 전쟁과 관련된 부분에서 정치적 고려 없이 순수한 군사적인 전문성만이 요구되는 상황은 상정할 수 없다. 그렇다면 이러한 상황에서 어떻게 균형을 유지할 수 있는가? 이것이 제1부의 핵심 질문이다.

2018년 현재 한국을 포함한 민주주의 국가에서 장교단이 정치 지도자의 권위에 정면도전하여 쿠데타를 감행할 가능성은 없다. 그 대신 현실에서는 군사력과 관련된 정책이 결정되는 과정에서 정치 지도자들과 장교단의 목소리 사이에서 어떻게 균형을 유지하는가의 문제가 존재한다. "전쟁은 다른 수단으로 진행되는 정치의 연속"이라는 논리를 수용한다면, 현실에서 나타나는 군사력 구축과 군사력 사용 결정, 그리고 전쟁 수행 등의 과정에서 나타나는 전문성으로 무장한 군의 요구와 선거를 통해 만들어진 정치적 권위의 갈등은 필연적으로 발생한다. 이 때문에 "전쟁 개시와 함께 군이 모든 것을 통제한다"는 주장은 수용되기 어려우며, 정책의 수립 및 결정, 집행 등 모든 단계에서 민군 간의 대화는 필수적이다. 그렇다면 정치 지도자의 관여를 어디까지 인정할 것이며 군사적 전문성을 어떻게 효과적으로 반영할 것인가?

또 다른 사안은 민주주의와 안보 사이의 상관관계이다. 대부분 민주주의 국가는 내부적인 "취약성" 때문에 안보 분야에서 많은 문제점을 가진다고 주장한다. 특히 민주주의는 국론이 분열되어 내부 결집이 쉽지 않고, 약간의 사상자가 발생하면 군사력 사용에 대한 지지가 쉽게 무너진다고 본다. 즉, 민주주의와 안보는 서로 상반되며, 안보를 위해서는 어느 정도는 민주주의를 희생할 수밖에 없다는 주장이다. 이러한 주장은 민군관계에 대한 고전 연구인 헌팅턴의 주장에서도 등장하며, 직관적인 설득력이 있기 때문에 많은 경우에 무의식적으로 수용된다. 하지만 과연 이와 같은 "취약한 민주주의"라는 주장이 타당한가?

현실에서 우리는 민주주의를 수용하고 여기서 필요한 군사력을 구축하며 이를 적절하게 사용해야 한다. 그렇다면 어떻게 군의 전문적인 조언과 정치 지도자들의 권위를 적절하게 조화시킬 것인가? 그리고 민주주의와 안보 사이의 관계를 어떻게 이해할 것인가? 이것은 우리의 생존과 민주주의적 정체성을 결정하는 핵심 사안이다.

제1장

민군관계와 국방

수잰 닐슨 *Suzanne C. Nielsen*

1 ㅣ 민주적 민군관계

미국 그리고 한국과 같은 자유민주주의 국가에서 민군관계의 바람직한 특성에 대해서는 다음의 두 가지를 생각해야 한다. 첫째, 민군관계를 통해 전략적 유효성이 강화되어야 한다. 구체적으로, 한 국가의 군 최고 지휘부와 정치 지도자들 간의 관계는, 정치 지도자들이 국가를 위해 추구하고 있는 목적과 국가의 가치와 이익을 증진하려고 추구할 수 있는 방법 및 수단을 효과적으로 조정하는 데 도움이 되어야 한다. 둘째, 민군관계는 민주적으로 적합해야 한다. 이러한 관계의 특징은 홀로 그 국가 정책을 결정할 합법적인 책임과 권한을 가진, 민주적으로 선출된 정치적 지도자를 재확인하고 지원한다는 점이다.

1.1 | 민군관계와 전략적 유효성

전략적 유효성에 관련해서는 민군관계의 영향을 세 가지 차원의 도전으로 생각하는 것이 유용하다. 첫째, 민간 지도자와 군 지휘부 사이에 벌어지는 민군 간의 대화와 토론은 국가안보 전략과 정책 사안들에 대한 국가 결정의 전략적 타당성에 영향을 끼칠 수 있다. 정치 지도자들이 군사력 사용을 하나의 수단으로 검토하는 경우에, 군사 문제의 전문가로서 장교단은 군사력 사용의 타당성, 비용 및 위험성에 대한 중요한 사항들을 알려줄 수 있어야 한다. 둘째, 일단 군사력 사용과 관련되어 어떤 정책이나 행동이 결정되면, 민군관계의 특성에 따라 정책의 성패가 좌우될 수 있다.

셋째, 마지막으로 국가안보와 관련된 정책결정자는 이전 시기에 구축된 군사력을 가지고 자신들의 정책과 행동을 추진한다. 즉, 현재 이루어지는 정책결정에 따라서 개별 국가가 사용할 수 있는 군사력이 구축되며, 이것은 현재로는 예측할 수는 있으나 세심하게 설명될 수는 없는, 따라서 모호할 수밖에 없는 환경에서 행동해야 하는 미래의 정책결정자들의 행동을 제한하며 미래 세계에서의 전략적 유효성을 결정하게 한다.

1.1.1 | 군사적 조언

전략 수립에 관한 군사적 의견과 정책 문제에 대한 군사적 조언에 있어서 가장 중요한 저작은 카를 폰 클라우제비츠(Carl von Clausewitz)의 『전쟁론(On War)』이다. 물론 클라우제비츠의 책은 오래되었고, 구식이며, 저자가 최종 편집을 하기 전에 사망하면서 편집이 완전하지는 않다. 하지만 전쟁과 정치 사이의 관계에 대한 그의 통찰력 자체는 불멸의 중요성을 가지며, 매우 분명하다.

만약 독자들이 클라우제비츠의 저서에서 단 한 줄만을 알고 있다면, 그것은 아마도 "전쟁은 단지 다른 수단에 의한 정책의 연속이다"라는 문장일 것이다. 이러한 주장 자체는 기본적으로 타당하며, 동시에 많은 함의를 가진다. 전쟁이 정책의 연속이라는 주장에서, 우리는 정책의 실행은 지속적이며 동시에 최종 목적은 정치적 목표의 달성이라는 것을 명확하게 인식하게 된다. 군사력의 사용은 기본적으로 정치적 목표에 종속되어야 하는 하위 개념이며 정책 또는 정치적 목표의 상위 개념은 아니다. 비록 군사력의 사용이 폭력, 불확실성, 그리고 위기 격화의 위험과 같은 다양한 특성을 가지며 이것 때문에 정치적 목표 자체가 변화한다고 해도, 군사력의 사용은 정치적 목표 및 정책에 종속되어야 한다.

정책과 전략을 결정하기 위해서, 우리는 국제 정치와 국내 정치, 경제적 관심, 기술적인 가능성 및 국가 가치와 관련된 다양하고 견고한 쟁점들을 고려해야 한다. 물론 군사적인 고려사항은 중요하며, 전문성과 경험의 미덕을 갖춘 고위 군 장교는 이러한 사안을 토의할 수 있는 최상의 보좌관이다. 클라우제비츠를 바꿔 말하면, 전쟁의 논리는 정치에서 출발하지만, 전쟁의 핵심이라고 볼 수 있는 군사력을 적절하게 사용하기 위해서는 군사력 자체의 논리를 잘 이해하는 군사 전문가들의 적절한 조언이 필요하다.

이와 같은 측면에서 군사적 조언을 생각해본다면, 정책을 결정하는 과정에서는 전쟁의 본질, 군사적 역량과 한계에 대한 세밀한 분석, 국가들 사이에서 나타나는 전략적 상호작용의 예측불가능성, 그리고 위기 격화의 위험성 등을 보다 엄밀하게 고려해야 한다. 자신의 연구에서, 클라우제비츠는 전쟁 활동이 인간 노력의 다른 형태들과 차이가 있는 이유를 설명하기 위해 "마찰"이라는 개념을 사용한다. 마찰은 폭력, 육체적 노력, 불확실성 및 군사 행동에 대한 위험성의 영향을 의미한다. 또한 클라우제비츠는 전쟁이 예술이나 과학이 아니라 경제 상태 또는 정치에 가까운, 상당히 경쟁적인 인간들의 상호작용이라고 지적한다. 클라우제비츠는 최고위 지휘관들이 필요로 하는 전문성은 단지 범위나 규모에서가 아니라 본질적으로 다르며, "그 수준에서 전략과 정책이 합쳐지면 최고사령관은 동시에 정치가가 된다"고 말한다. 따라서 최고사령관은 군 장교가 군사적인 전문성에 기초하여 정책 조언을 제공하는 순간에도 전체적인 전략적 상황에 대해 인식할 수 있어야 한다.

정치 지도자들이 국가안보 전략 및 정책을 결정하는 과정에서 군사 부분을 고려할 필요성은 여전히 존재하며, 이 때문에 오늘날 민군관계는 중요한 연구 주제로 남아 있다. 예를 들어, 엘리엇 코헨(Eliot Cohen)은 최근 자신의 저서 『최고사령관(Supreme Command)』에서, 군사력 사용 문제에 있어 정치 지도자들이 보다 적극적으로 개입해야 한다고 주장했다. 코헨의 주장에 따르면, 군사 지도자들은 군사적인 측면에서 자신들의 전문적 조언을 제공하지만 최종 결정 자체는 정치 지도자들이 내려야 한다. 따라서 정치 지도자들은 군사적인 조언을 무비판적으로 수용하기보다 이러한 조언에 대해 보다 적극적으로 질문하고 정밀 조사하여 최종적 통제권을 보다 확고하게 유지하는 것이 중요하다. 코헨은 이러한 관계의 불평등성을 집중 조명했고, 민주주의 국가의 민군관계가 근본적으로 "불평등한 대화(Unequal Dialogue)"라고 규정했다.

[오늘의 회의에서 기조연설을 담당한] 리처드 베츠(Richard Betts) 교수는 엘리엇 코헨의 주장에 반론을 제기했다. 베츠 교수는 코헨이 "불평등

한 대화"라는 표현에서 "불평등성"을 지나치게 강조했으며, 동시에 미국 정책결정자들이 코헨의 주장을 해석하는 부분에서 많은 문제가 있었다고 지적했다. 보다 정확히 이야기하자면, 부시 행정부 1기 동안 미국 정책결정자들 중 일부는 2003년 이라크 침공을 결정하는 과정에서 정치 지도자들이 최종 결정권을 가진다는 부분에 집중하면서 "불평등성"을 남용했고, 이 때문에 민간과 군의 "대화" 부분은 훼손되었다는 것이다. 따라서 베츠 교수는 최종 결정권한 자체는 민간인 출신 정치 지도자들이 행사하지만, 최종 결정이 내려지기까지의 과정에서는 정치 지도자들과 군 지도자들이 핵심 쟁점에 대해 자유롭게 토론할 수 있어야 한다고 주장한다. 즉, "불평등한 대화" 대신 "평등한 대화, 불평등한 권한(Equal Dialogue, Unequal Authority)"이 필요하다는 것이다.

코헨과 베츠, 민군관계 최고의 전문가 두 명의 주장에서 나타나는 공통점은 "대화(Dialogue)"이다. 즉, 두 사람은 모두 대화를 강조하고 있다. 정치 지도자들이 최종 결정권한을 가진다는 측면에서는 "불평등"하지만, 최종 결정이 이루어지기까지 관련된 사항들은 엄격하게 분석되어야 하며 활발한 논쟁을 거쳐 예상되는 결과와 위험 등을 모두 고려할 수 있어야 한다.

민간 지도자와 군 지도자의 대화에서 중요한 또 다른 사안은 과정과 조직이 매우 중요하다는 사실이다. 그렇다면 국가안보와 관련된 정책결정 구조가—정책결정 구조에서 나타나는 공식적 과정과 비공식적 과정이—보다 효과적인 전략적 정책결정을 유도하는 민군관계를 만들어낼 수 있는가? 어떠한 조직구조가 이론적으로는 탁월하지만, 실제 성과에서는 그다지 성공적이지 않을 수 있다. 하지만 이론적으로 적절한 정책결정 구조가 존재하지 않는다면, 성공적인 정책 수립은 불가능하다. 정책결정 구조가 적절하지 않은 경우에 정책이 성공하기 위해서는 엄청난 행운이 따라야 하며, 이 경우 정책의 성공은 우연의 결과일 뿐이다.

1.1.2 | 정책 집행

민군 대화의 특성이 전략적 유효성에 영향을 미치는 또 다른 경로는 정책의 집행 단계이다. 다시 한 번, 필자의 견해는 클라우제비츠에서 영감을 얻었다. 클라우제비츠는 "우리가 어떤 정치적 목적으로 전쟁이 일어난다는 점을 명심한다면, 전쟁을 일으킨 원인 자체는 전쟁을 수행하는 과정에서 항상 염두에 두어야 한다. 즉, 정책은 모든 군사작전에 그림자를 드리우며, 모든 군사작전에 영향을 미치게 된다"고 지적한다.

누군가는 이 점이 민군 대화의 중요성에 대한 첫 번째 논의와 국가안보 전략과 정책에 관한 결정에 정보를 제공하는 군사적 조언을 담당하는 역할에 포함된다고 생각할 수도 있다. 그러나 집행 단계에서 이를 제대로 행하는 것의 어려움 때문에 우리는 정책의 집행을 독립적으로 논의해야 하며, 이를 통해 "어떻게 더 잘할 수 있을까"를 고민하게 한다고 본다. 전쟁사에서도 이러한 현상은 잘 드러난다. 많은 군사작전들이 처음에는 계획되지 않았던 목적을 달성하기 위해 점차 확대되면서, 이른바 "임무 확대/변형(mission creep)"이 발생하고 때로는 비참한 결과가 초래된다. 미국이 경험한 한 가지 사례는 1982년 미국의 레바논 군사 개입이다. 평화유지군 작전으로 시작된 것이 레바논 내전에서 미국이 당사자로 보이게 되는 지점까지 확대되었다. 결국 그 임무는 해병대 막사 폭사 사건으로 241명의 미국 병사가 사망한 후에야 미군의 철수로 종료되었다.

더 큰 규모에서 볼 때, 많은 전쟁은 진행과정에서 정치적 목표 자체가 변화한다. 전쟁 초기의 정치적 목표는 전쟁 종결 시점에서의 정치적 목표와는 너무나도 다른 경우가 흔히 존재한다. 한국전쟁이 전형적인 사례이다. 휴전 협정으로 군사분계선이 설정되었지만, 전쟁 과정에서 UN 연합군의 정치적 목표는 북한군의 격퇴에서 휴전 조약의 조인으로 변화했다. 여기서 중요한 사항은 정치적 목표가 변화하지 않아야 한다는 것이 아니라, 경우에 따라서는 새로운 조건으로 새로운 위험이나 기회가 등장하며 전쟁 과정에서 이루어지는 정책결정 또한 개전 결정과 마찬가지로 신중하게 고려되어야 한다는 사실이다.

여기서, 정책 집행 동안 효과적이며 적절하게 활발한 민군 대화를 유지하는 것이 특히 어려울 수 있는 두 가지 이유는 다음과 같다. 첫째, 정책 집행을 위해 여러 부서와 기관들이 행동을 조율해야 한다면, 개별적인 결정을 내리기 쉽게 설계된 구조와 과정은 이러한 정책의 집행을 지속적으로 점검하는 데 적합하지 않다. 특히 정치 지도자들이 해당 정책의 집행을 지속적으로 관리하는 데 필요한 시간과 전문성 또는 성향이 부족하다면, 민군 간의 대화를 유지하는 것은 쉽지 않다.

집행 단계에서 전략적으로 효과적인 민군 대화를 유지하는 것이 어려울 수 있는 두 번째 이유는 군사 부분에 대한 자율성을 둘러싸고 긴장이 발생할 수 있기 때문이다. 한편으로는, 최종 결정권한을 가진 정치 지도자는 외교적 또는 정치적 파급 효과에 대한 우려 때문에 특정한 군사작전의 세부 사항조차도 개입할 필요가 있다. 하지만 군 지도자들은 이와 같은 정치적 개입으로 인해 군사적 효율성이 저해된다고 판단한다. 이 때문에 전술적 차원에서 군사력 사용에 지침으로 작용하는 교전 규칙의 내용을 둘러싸고 긴장이 초래될 수 있다. 즉, 정치적/외교적 이유에서 교전 규칙이 결정되고 이 때문에 전술적 차원에서 제약요인으로 작용하거나 임무를 완수하는 데 장애가 발생할 수 있다.

집행 단계에서 효과적인 민군 대화를 유지하는 쉬운 해결책은 없다. 그러나 논리적인 해결책은 민군 간의 대화가 정책 집행 단계에서는 매우 어려울 것이라는 점을 인식하고, 민군 간의 대화가 더욱 촉진될 수 있는 상황을 조성하고 메커니즘을 수립하는 것이다. 예를 들면, 클라우제비츠는 무력사용이 정치적 목표와 부합하는지 확신하기 위해 정부는 최고 지휘관이 정부의 정책결정에 참여하여 정부가 군사작전의 진행에 개입할 수 있도록 해야 한다고 주장했다. 하지만 클라우제비츠는 이러한 조치 때문에 일선에서의 군사적 변화가 심각하게 지체되어서는 안 된다고 지적했다. 이러한 메커니즘이 만들어지고 동시에 이를 통한 정책의 집행이 중요하며 이를 위해서는 독자적인 관심과 새로운 정책과정이 필요하다는 사실이 사전에 인지된다면, 민군관계에서 전략적 효율성을 강화하는 결과를 가져올 것이다.

1.1.3 | 정책 집행

한 국가의 민군관계의 특성이 전략적 유효성에 영향을 미칠 수 있는 세 번째 차원은 군사력을 발전시키는 것과 관련이 있다. 여기에서 핵심 질문은 다음과 같다. 군사 전문가는 국가의 정치 지도자가 미래의 국가안보의 필요를 충족시키기 위해 만드는 군사적 역량에 대한 결정에 얼마나 효과적으로 기여하는가?

이러한 사안에 대해서 클라우제비츠는 침묵을 지키고 있다. 그 대신 클라우제비츠는 군사 지휘관은 국가가 제공하는 자원을 단순히 운용하고, 이러한 군사자원을 최선의 결과를 위해 사용한다고 가정하는 듯하다.

안보 문제에 대한 연구는 정부와 사회의 특성이 국가의 전략적 상황과 정치적 목표에 부합하는 역량을 갖춘 군대를 창출하는 능력에 어떻게 영향을 끼치는지를 다양한 방식으로 분석한다. 한국과 미국 등과 같은 경제적으로 개발된 자유민주주의의 맥락에서, 국내 정치 구조와 조직이론에 관한 연구들에 많은 설명력이 있다고 생각한다.

미국의 경우에, 미국 헌법은 의회와 대통령 모두에게 군사 문제에 대한 중요한 권한을 부여하면서, 군사력 구축과 관련된 중요한 구조적 요인을 규정하고 있다. 많은 경우 행정부가─특히 대통령이─전략 수립과 국가안보와 관련되어 주도적인 역할을 수행하지만, 군사력 구축과 관련된 재정 투입은 결국 헌법에 의거하여 재정지출권한을 가지고 있는 의회의 소관이다.

이런 맥락에서, 전략적 유효성을 극대화하기 위해서는 행정부 내에서의 관계뿐만 아니라 고위 군 장교들과 의회 사이의 대화가 필요하다. 미래 군사력을 건설할 책임을 가진 미국 군사 지도자들, 특히 육해공군 총장들은 미국이 직면한 위험과 위협, 기회와 가치 그리고 군사력 구축비용 등에 대한 사항을 행정부 구성원뿐 아니라 주요 의원들에게도 설명해야 하며, 설득해야 한다. 즉, 군사력 구축의 실제 성과는 미국이라는 국가 전체가 직면한 전략적 필요성과 함께 상하원 의원 개개인의 유인구조에 의해 결정된다.

국내 정치 구조에 더하여, 군대 제도 그 자체 내에서 두 번째 과제가 발생할 수 있다. 이러한 역동성은 조직이론과 관료주의에 관한 연구에서 잘 드러난다. 조직이론 및 관료주의에 대한 연구는 조직의 이익, 조직 인센티브 및 조직 문화를 포함하는 쟁점의 중요성 등을 분석한다.

미국과 관련하여, 미국 군대를 이해하고자 하는 사람에게 추천하는 첫 번째 책은 칼 빌더(Carl Builder)의 *The Masks of War*이다. 이 책은 1989년에 출판되었지만, 병역 문화와 이익 그리고 미국 국가안보 성과에서 그들이 담당한 역할에 대한 통찰력은 여전히 설득력이 있다. 두 번째로 추천하는 책은 제임스 Q. 윌슨(James Q. Wilson)의 *Bureaucracy*이며, 미국 행정 부서 및 기관의 관료, 관리자 및 운영자가 직면한 인센티브가 성과에 어떤 영향을 미치는지를 생각하면서 이 책보다 잘 정리된 다른 연구들은 아직까지 찾지 못했다.

전략적 유효성에 관해, 빌더는 우리에게 군대의 조직적 이익과 문화가 개별 국가가 구축한 군사적 역량에 막대한 영향력을 미친다는 사실을 보여준다. 빌더는 육해공군 지휘관들이 명시적으로 인식했는가와 무관하게, 개별 군은 미국의 국가안보 이익을 자신들의 시각에서—육군은 육군의 시각에서, 해군은 해군의 시각에서, 공군은 공군의 시각에서—이해하려고 한다고 주장한다. 즉, 해군은 미래를 보고 항공모함의 필요성을 인식하며, 공군은 미래에 미국이 세계에서 가장 기술적으로 발전한 항공기를 가질 필요성을 깨달을 것이다. 또한 육군은 미국의 국익을 보장하기 위해 보다 많은 병력을 확보하여 "전장에 군화를 신은 병력"을 두어야 할 필요성을 확인하는 경향이 있다. 윌슨은 이 상황에 덧붙여, 육해공군은 모두 자신의 자율성을 확대하고 그 밖의 다른 조직적 이익을 강화할 수 있는 핵심 업무에 집중하려고 한다고 지적한다.

이러한 측면에서 볼 때, 전략적 유효성을 증진시키는 민군관계를 건설하기 위해서는 군사 지도자들이 자신들이 속한 군의 조직적 이익을 극복하고, 국가 전체의 전략적 역할에 집중하며, 이러한 전략적 임무를 수행하는 데 필요한 군사력 역량에 집중하고, 무엇보다 개별 군이 아닌 일반적인 "군사적 조언"을 정치 지도자들에게 제공해야 한다. 하지만 이것은 쉽지 않다. 현실의 전략 상황은 항상 불확실하고 정치 지도자들이 국가이익을 해석하는 방식이 분명하지 않으며, 군사기술과 개별 군의 역량 또한 정확하게 파악하는 것이 불가능하기 때문에 그 어려움은 더욱 가중된다.

군의 조직적 이익을 극복하는 것이 쉽지 않지만, 전략적 유효성을 확보하기 위해서는 이러한 조직적 이익을 극복해야 한다. 필자는 1982년부터 1985년까지 미국 합참의장을 지낸 존 베시(John Vessey) 장군에게 그가 직면했던 어려움들에 대해 질문할 기회가 있었다. 그는 합참의장으로서 스스로의 성공을 각 군 총장들을 연결할 수 있는 정도로 평가했는데, 그들이 합동참모본무에서 만날 때 각 군 총장으로서의 정체성을 포기하고 스스로를 대통령에게 최고의 군사적 조언을 하는 단일체로 생각했다고 말했다.

각 군의 역량에 대한 지식을 공유하지만, 개별 군의 관점에서가 아니라 국가 전체의 이익에 집중하여 정치 지도자에게 조언할 수 있는 역량이야말로, 개별 국가의 군사력 증강에서 군의 전문적 영향력을 극대화하는 데 필요한 것이다. 하지만 이러한 구상을 어떻게 현실화할 수 있는가는 분명하지 않다. 한 가지 확실한 것은 미래 군사력 건설을 위해 전략적 유효성을 극대화하는 민군관계를 수립하기가 쉽지 않다는 사실이다.

1.2 ┃ 민군관계와 민주적 적절성

전략적 유효성을 강화하는 문제와 함께, 민주주의 국가에서 민군관계를 평가하는 또 다른 기준은 민주적 적절성 문제이다. 하지만 민군관계의 민주적 적절성을 평가하는 기준은 다양하며, 이 때문에 많은 개념적 혼동이 존재한다. 첫 번째 기준은 현재의 민군관계가 민주적으로 선출된 정치 지도자들의 권위를 약화시키는가 아니면 강화하는가이다. 보다 많이 논의되는 두 번째 기준은 과연 군의 구성원들이 시민사회에서 존재하는 다양한 가치와 견해, 사회경제적 배경, 소수자 등의 인구학적 특징을 잘 반영하는가의 문제이다.

1.2.1 | 민주적 정치 통제

물론 민주 제도와 규범에 대한 가장 극한 폭력은 군사적인 쿠데타일 것이다. 미국의 맥락에서 쿠데타는 생각할 수 없다. 그러나 장교단이 민주적으로 선출된 정치적 지도자들에게 단순히 조언하기보다 더욱 강력한 영향력을 행사할 수 있는 방법은 다양하다. 1990년대, 빌 클린턴(Bill Clinton) 대통령이 동성애자들이 공개적으로 동등하게 군 복무할 권리를 허용하고 외국에 대한 인도적 개입을 시도하려고 하자, 몇몇의 고위급 군 지도자들이 의도적으로 "위기"를 조장하고 대통령의 결정이 현실화되지 못하도록 했다고 보는 견해가 있다. 당시 군과 일부 고위급 지도자들의 국가적 평판은 걸프 전쟁의 승리 덕분에 무척 고양되어 있었으며, 반대로 클린턴 대통령은 병역 문제로 국가안보 사안에 대한 발언권이 상대적으로 약했다. 하지만 이와 같은 "위기에 대한 주장"들은 과장이며, 클린턴 행정부 말기에 정치적 균형이 회복되었다고 보는 견해 또한 존재한다.

의심의 여지 없이, 미군의 고위급 지도자들은 군사적으로 복잡한 형국에서 군사 정책에 대해서 민주적으로 선출된 정치 지도자에게 조언해야 한다. 장교들은 군사적 전문성과 경험에서 정치 지도자들에 비해 우위에 있지만, 이러한 우위가 모든 것을 결정하지는 않는 다. 정치 지도자들은 전략적 상황을 판단하는 데 군사적 시각 이외에 도 다양한 관점이 필요하며, 군사적 고려는 다양한 관점 가운데 하나 일 뿐이다.

문제를 이해하는 가장 간단한 출발은 "당면한 상황의 군사적 차 원에 의존하는 전략적 결정의 합리성은 어느 정도인가?"를 질문하는 것이다. 정책의 궁극적인 성공은 군사적 고려사항뿐만 아니라 외교 및 정치적 변수까지 고려해야만 가능하다.

미국의 군사 지도자들은 행정 부서 내의 명령 체계뿐만 아니라 국회에 대한 의무도 지니고 있기 때문에 상황은 조금 더 복잡하다. 미국 의회는 선전포고권과 함께 군사력 구축에 필요한 재정 권한을 보유하고 있으며, 따라서 의회가 헌법에 규정된 권한을 적절하게 행 사하고 그 의무를 이행하기 위해서는 군사적인 조언과 전문성이 필 요하다. 고위 군 지도자들은 그것이 현 행정부 정책과 충분히 맞는지 여부와 관계없이, 의회에 최고의 군사적 조언을 제공해야 한다. 이 과정에서 딜레마가 발생하는 경우, 고위 군 지도자들은 행정부와 입 법부 내에서 같은 견해를 제공하는 것이 중요하다.

통찰력 있는 판단을 요구하는 영역은 고위 군 지도자들의 대중 적 역할과 관계된다. 장교단은 일반 시민들과 유권자들에게 더 많은 정보를 제공하고 군사적 쟁점들에 대한 대중들의 이해를 높여야 한 다. 하지만 정보를 제공하는 것과 영향력을 추구하는 것 사이의 경계 는 모호하며, 자신들이 선호하는 정책을 옹호하거나 특정 정치 지도 자들을 비난하는 행동은 부적절하다.

1.2.2 | 대표성

민주적 적절성에 대해 생각할 수 있는 두 번째 차원은 군대가 시민사회를 얼마나 잘 대표하고 있는가의 문제이다. 미국과 같이 지원병제를 채택한 국가에서 대표성을 확보하기 위해서는 군대가 거의 모든 정치적 관점과 인구구성의 측면에서 지원자를 끌어들일 수 있는 능력이 필요하다. 그리고 이러한 대표성을 유지하기 위해서, 군은 내부의 포괄성(inclusiveness)을 강화하고, 존중을 보장하며, 정치에 무관심한 규범을 강화하는 군대 내에서의 정책과 규범이 필요하다.

대표성의 중요성에 대한 논쟁은 미국이 지원병제를 채택하기 이전부터 존재했지만, 이에 대한 연구는 민군관계의 가장 중요한 저술에서도 계속 등장한다. 새뮤얼 헌팅턴(Samuel P. Huntington)은 1957년 출판한 *The Soldier and the State*에서 자유주의에 기반한 사회의 영향력을 차단하기 위해 순수한 직업적 전문성에 기초하고 정치적으로 중립을 지키고 문화적으로 고립된 군사조직의 필요성을 역설했다. 모리스 자노비츠(Morris Janowitz)는 1960년 출판한 *The Professional Soldier*에서 군사적 효율성과 민주주의 국가에서의 문민통제는 사회 전체의 가치에 공감하는 군사조직이 있는 경우에만 가능하다고 주장했다.

어느 정도의 대표성이 필요한가에 대한 논쟁은 지속될 것이며, 그 변화를 살펴보는 것은 매우 중요하다. 그리고 구성원들이 추구하는 가치 또는 인구학적 구성의 측면에서 군이 사회를 대표하지 못한다면 왜 이러한 대표성의 결여가 발생했는지 그 의미를 분석하고 적절한 해결책을 모색하는 것이 중요하다. 이 때문에 군사적 효율성뿐아니라 민주적 적합성이 필요하며, 이를 위해 군 내부의 다양성을 강화해야 한다. 군이 사용할 수 있는 인재의 풀이 클수록 군은 발전한

제1부 민군관계와 군사력

다. 그리고 어떤 조직이든지—군 또한 예외는 아니다—내부 구성원이 다양할수록 혁신 가능성이 높아진다.

2 │ 오늘날 미국의 민군관계

필자는 민주주의 국가에서 민군관계를 평가하는 방법은 두 가지가 있다고 주장했다. 첫째, 민군관계가 그 국가의 전략적 유효성을 강화시키는지 여부. 둘째, 민군관계가 민주적으로 적절한지 여부이다. 이러한 측면에서, 필자가 염려하는 오늘날의 미국 민군관계에서의 두 측면을 제시하려고 한다.

첫째로, 미국 군대와 사회 간의 관계와 관련된다. 오늘날 미국의 민군관계에서 가장 흥미로운 양상 중 하나는 미국인들이 군을 매우 신뢰한다는 사실이다. 이것은 매우 특이한 현상으로 전통적으로 미국인들은 상비군을 불신하고 민병대를 선호했으며, 동시에 2001년 이후 지금까지 미국이 16년 동안 지속적으로 전쟁을 수행하고 있기 때문에 그러하다.

객관적 수치를 보면, 2016년 6월 실시한 갤럽 조사에서 군대는 미국 국민들에게 가장 큰 신뢰감을 주는 기관으로 등장한다. 설문 조사 자료에 따르면 조사 참여자들 가운데 73%는 군대에 대한 신뢰감에 "매우 많이" 또는 "꽤 많이"라고 응답했고, 그다음으로 높은 신뢰를 주는 기관은 중소기업이었으며 지지율은 68%였다. 대통령직의 경우는 응답자 36%의 지지를 얻었으며, 의회는 응답자 6%의 지지를 얻었다. 군대는 1987년 이래로 설문 조사에서 줄곧 최고의 신뢰 기관으로 선정되었으며, 그 이전 10년 동안은 최고 기관으로 선정되거나 "교회나 종교 조직"에게만 그 자리를 내주었을 뿐이다.

지원병제를 채택하고 있는 미국 사회에서 군에 복무하는 시민의 숫자가 매우 줄어들었으며 군이 미국 사회를 온전히 대표하는 형태도 아닌 상황에서, 미국인들이 자신들이 잘 알지 못하는 미국 군대를 존중하고 있다는 사실은 매우 흥미롭다. 필자는 이것이 미국 민주주의를 위한 좋은 일이 아니며, 미군에게도 전혀 좋은 일이 아니라고 본다. 개인적으로 이러한 현상은 어떤 부분에 대해 잘 알지 못하는 경우에 보통 사람들이 경외감을 느끼거나 아니면 공포심을 느끼는 경향 때문에 나타난다고 본다. 군에 대한 비합리적인 공포심이 좋은 정책으로 이어질 수 없다면, 군에 대한 무조건적인 지지와 호응 또한 좋은 정책으로 이어질 수 없다. 다른 모든 공공 제도와 같이, 군대도 투명해야 하며 책임을 져야 한다.

두 번째 쟁점은 은퇴한 고위 군 장교들이 현실 정치에 개입하는 경향이 증가하고 있다는 것이다. 비근한 사례로는 2016년 선거 운동에서 도널드 트럼프(Donald Trump) 대통령을 지원했던 마이크 플린(Mike Flynn)과 힐러리 클린턴(Hillary Clinton) 상원의원을 지지했던 존 앨런(John Allen)이 있다. 이것들은 최근의 사례들이지만, 최초의 사례는 아니다. 여기서 다음과 같은 문제점이 발생한다. 첫째, 정치 지도자들은 은퇴 후에 현실 정치에서 활동할 가능성이 있는 군 지휘관들을 신뢰하지 않을 수 있다. 둘째, 정치 지도자들과 일반 국민들이 은퇴한 장군과 현역 장군을 구분하지 않을 것이며, 이 때문에 군대를 정치와 무관한 단체가 아닌 현실 정치에서 행동하는 하나의 집단으로 보게 된다.

이러한 두 가지 사안은 미국 민군관계의 전략적 유효성과 민주적 적합성 모두에 영향을 미친다. 측정하기 어렵지만, 의심할 여지

없이 중요한 민군관계의 한 측면은 신뢰이다. 정치 지도자와 군 지도자들이 상호 존경과 신뢰에 기초하여 관계를 시작할 때, 양자의 시너지 효과는 극대화된다. 신뢰가 형성되기 위해서는 모든 당사자가 노력해야 한다. 물론 환경이 변화하고 어려울 수 있다. 하지만 어떠한 경우에도 군사 지도자들은 정치 지도자들과 신뢰관계를 정립하고 자신에게 주어진 신뢰를 받을 자격이 있는 방식으로 행동해야 한다.

제2장

민주주의와 국방

최아진

1 │ 서론

20세기의 국제정치는 두 차례의 세계대전, 초강대국인 미국과 소련의 경쟁으로 이루어진 냉전체제, 소련의 붕괴에 따른 탈냉전 시기를 거치면서 변화되어왔다.

20세기 초반에는 급속하게 성장하는 독일의 국력에 위협을 느낀 영국이 유럽대륙 국가들과 동맹을 체결함으로서 유럽이 양극화되었고, 결국 이 두 세력의 대립은 제1차 세계대전으로 이어졌다. 이 세계대전 후에 집단안전보장체제에 기반을 둔 새로운 국제질서가 설립되었으나 지속되지 못하고 독일이 재부상하여 주변국에 대한 무력공격을 시작하면서 제2차 세계대전이 일어나게 된다. 이와 같이 20세기 초에 20여 년을 간격으로 두 차례의 세계대전이라는 초유의 사태가 발생했다. 20세기 중반부터는 미국과 소련의 대립과 경쟁으로 상징되는 냉전체제가 세계를 지배하게 되었다. 이 기간에 두 초강대국은 직접적으로 전쟁을 하지는 않았지만 대리전의 형태를 띤 크고 작은 전쟁들이 일어났다. 20세기 후반의 탈냉전 시기에 들어서는 국가 간 전쟁의 빈도는 줄어들고 있는 반면 내전(civil war)의 수가 급격하게 증가하고 있다. 이러한 추세에 더하여 주변국들이나 관련된 강대국들이 내란에 연루되면서 전쟁이 확대되거나 장기화되어가는 양상을 띨 것이라는 예측도 나오고 있다. 탈냉전 시기의 국가 간 전쟁의 원인과 추세를 예측하면서 헌팅턴(Samuel P. Huntington)은 이 시기의 전쟁은 군사력의 변화와 영토문제를 넘어서 지역의 종교와 문화적 차이 및 갈등에서 비롯될 것이라는 주장을 내놓기도 했다.[1]

이와 같이 전쟁의 성격, 동기, 규모, 결과 등은 시대에 따라 변화하고 있다. 따라서 미래의 전쟁을 방지하거나 승리하기 위해서는 주요 정치 지도자의 성향, 특정 사건의 발생, 국가 간 세력분포의 변화, 무기체계의 발전과 같은 전통적인 영역에 대한 이해와 더불어 전쟁에 가담하고 있는 각 국가나 집단의 정치적 제도, 사회적 환경, 문화적 배경 등에 이르기까지 다양하고 포괄적인 이해가 필요하다. 이에 이 장은 이러한 변화하는 환경 속에서 미래의 전쟁을 준비하고 전쟁의 미래를 예측하기 위한 국방 노력의 일환으로 국가의 정치제도의 성격—특히 민주주의 국가인지 비민주주의 국가인지—에 초점을 맞추어 과연 국가의 정치제도가 전쟁과 평화에 어떠한 영향을 미치는지 그리고 국방력의 강화와는 어떠한 연관성이 있는지를 살펴보고자 한다.

---

1   Samuel P. Huntington, "The Clash of Civilizations?", *Foreign Affairs*, Vol. 72, No. 3(Summer 1993), pp. 22~49; Huntington, *The Clash of Civilizations and the Remaking of World Order* (New York, Simon & Schuster, 2011).

2| 민주주의의 개념과 원칙

역사적으로 민주주의 국가의 수는 19세기와 20세기 중반에 급
증했다.[2] 헌팅턴은 1970년대에 서구 국가들에 민주주의 정치제도가
정착되었고, 1980년대에는 아시아와 남아메리카의 국가들에서 민주
화가 시작되었으며, 탈냉전을 포함하여 1990년대 이후에는 이러한
민주화의 '물결'이 중동과 아프리카까지로 확산될 것이라고 주장했
다.[3] 후쿠야마(Francis Fukuyama)는 이러한 변화를 되돌릴 수 없는 현
상이며 역사적 발전과정의 정점에 도달한 것이라고까지 주장했다.[4]
더욱이 독일의 철학자 칸트(Immanuel Kant)는 18세기에 민주주의의 확
산이 영구적으로 세계평화에 기여할 수 있을 것이라고 전망했다. 사
실상 지난 100여 년 동안의 전쟁의 역사를 살펴보면서 서로 다른 종
류의 정치체제를 가진 국가들 사이에서 갈등이 더 빈번하게 나타났
고 무력충돌로 격화된 경우가 많았다는 연구결과가 나오기도 했다.[5]

국제정치학의 연구를 보면 안보와 외교 영역에서 민주주의의 역

---

2   George Modelski and Gardner Perry III, "Democratization in Long Perspec-
     tive," *Technological Forecasting and Social Change*, Vol. 39, No. 1 (1991),
     pp. 23~34. 이 연구에 의하면, 1800년에 2%, 1900년에 10%, 1980년에 40%의
     인구가 민주주의 정치체제에 살고 있다고 한다.

3   Samuel P. Huntington, *The Third Wave: Democratization in the Late
     Twentieth Century*(Norman: University of Oklahoma Press, 1991).

4   Francis Fukuyama, "The End of History?", *National Interest*, Vol. 16, No. 3
     (Summer 1989), pp. 3~18.

5   한편에서는 민주주의 평화론이 아니라 권위주의 평화론에 관한 논문도 발표되
     었다. Mark Peceny, Caroline C. Beer and Shannon Sanchez-Terry, "Dictatorial
     Peace?", *American Political Science Review*, Vol. 96, No. 1 (2002), pp.
     15~26 참조.

할에 대한 평가는 나뉘어 있다. 전통적으로 비밀외교가 중요한 역할을 해온 시기에는 민주주의적 정치체제의 투명성이나 정책결정과정의 절차는 보안이 유지되기 어렵거나 신속한 결정을 방해한다고 여겨져 왔다. 특히, 민주주의 근간인 여론은 외교문제에 있어서 정보가 부족한 상태에서 판단한 결과이거나, 미디어나 정치 지도자에 의해 조장되거나, 또는 변덕스러워 쉽게 변화될 수 있는 것이므로 정확하지도 않고 신뢰하기도 어렵다고 여겨졌다. 대부분의 현실주의자들은 국제정치에서 민주주의의 역할을 부정적으로 보거나 혹은 국제정치와 민주주의는 무관한 것으로 보고 있다.

그러나 기존의 주장과 달리 최근의 연구들은 민주주의가 국제정치에서 긍정적인 역할을 할 수 있다고 주장하기 시작했다. 민주주의 정치체제에는 권력분립에서 나오는 견제, 지도자에 대한 심판이 제도적으로 보장된 책임성, 정책결정과정과 실행에서의 투명성, 정책과 아이디어의 경쟁, 공정한 경쟁을 보장할 수 있는 제도, 인권 존중과 법치주의와 같은 제도와 규범들이 존재한다. 이러한 민주주의의 제도와 규범의 작동은 국가 간의 전쟁을 방지하여 평화에 기여할 수 있을 뿐만 아니라 실제로 전쟁이 일어나더라도 승리할 확률이 높으며, 적에 대한 억지와 동맹과의 협력 증진으로 군사력 증강에서도 유리한 조건을 갖추고 있다는 것이다.

특히 정치 지도자의 집권이나 권력 유지에 필요한 연합 구성원의 수를 중심으로 민주주의의 영향을 분석한 부에노 드 메스키타(Bruce Bueno de Mesquita)와 일련의 학자들은 민주주의의 경우 지도자의 집권을 위한 연합의 규모가 크기 때문에 권력을 유지하기 위해 모든 구성원에게 사적인 이익을 제공하기 어렵다고 보았다. 따라서 민주주의에서는 정치 지도자가 공공재를 제공하면서 연합의 구성원을 만족시키고 권력을 유지할 수 있다는 것이다. 국가의 공공재 중에서 가장 중요한 것은 안보와 경제성장이다. 이러한 민주주의에 대한 개념과 원칙은 자연스럽게 민주주의와 국제정치 이슈들을 연결시키고 국제관계에서 민주주의의 역할을 주목하게 만든다.[6]

한국의 경우에는 1980년대에 민주화를 이루었으나 민주주의가 국제정치에 미치는 영향으로서 안보와 국방에 긍정적인 역할을 할 수 있다는 입장이 특별히 부각되거나 이에 대한 논의가 본격적으로 진행되지 않고 있다. 여기서는 안보와 평화, 전쟁의 승리, 그리고 효과적인 억지/억제 및 신뢰성 있는 동맹관계와 같은 국방력 증강의 측면에서 민주주의 제도와 규범의 영향을 살펴보고, 민주주의와 국방과의 긍정적인 관계에서 나올 수 있는 정책적 함의도 논의해보고자 한다.

다음에서는 민주주의와 국방과의 관계를 살펴보기 위해 첫째, 민주주의가 전쟁과 평화에 미치는 영향을 기존의 연구결과를 중심으로 살펴볼 것이다. 둘째, 민주주의 국가가 전쟁 수행능력과 결과에서 비민주주의 국가들과 비교할 때 어떠한 차이를 보이고 있는지 살펴볼 것이다. 셋째, 국방을 위해 군사력을 증강시키는 데 있어서 민주주의라는 변수가 어떠한 역할을 할 수 있는지 적에 대한 억지력과 동맹과 협력이라는 측면으로 나누어 살펴볼 것이다. 마지막으로는 이 장의 논의를 정리하면서 이러한 논의가 미래의 전쟁을 대비하고 승리하기 위한 국방에 가질 수 있는 의미를 찾아볼 것이다.

---

6 Bruce Bueno de Mesquita, James D. Morrow, Randolph M. Siverson and Alastair Smith, "An Institutional Explanation of the Democratic Peace", *American Political Science Review*, Vol. 93, No. 4(December 1999), pp. 791~807.

3 | 민주주의 평화론[7]

민주평화론은 칸트의 저서인 『영구적 평화(Perpetual Peace: A Philosophical Essay)』(1795)에 근간을 두고 있다. 칸트에 의하면 평화는 민주적인 국가 사이의 상호작용에서는 자연스럽게 예상할 수 있는 결과이다. 왜냐하면 자유로운 시민들의 동의를 바탕으로 하는 정치체제는 파괴적인 전쟁 선포에 대해서 시민들의 지지를 받기 어려울 것이라고 보았기 때문이다. 칸트는 평화가 지속되기 위해서는 민주주의 국가의 수가 늘면서 민주적 원칙과 규범이 확산되어가야 한다는 진단까지 제시했다.[8]

18세기 말의 칸트의 민주평화론은 20세기 말에 도일(Michael Doyle)의 "Kant, Liberal Legacies and Foreign Affairs"가 나오면서 다시 논의가 재개되었고 다수의 자유주의적 학자들을 주축으로 과학적 연구가 진행되었다.[9] 민주주의가 전쟁을 방지하고 평화를 유지시킬 수 있다는 주장은 전쟁의 원인에 대한 설명 중에서 가장 강력하게 실증적으로 지지를 받고 있는 연구결과로 나타나고 있으며, 실제로 정책적인 면에서도 공헌을 했다고 평가받고 있다. 레비(Jack Levy)는 민주주의와 평화의 상관관계를 "국제정치학 분야에서 실증적 법칙(empirical law)에 가장 가까운 논지"라고 평가했다.[10]

---

7   최아진, 「평화의 삼각구도에 대한 비판적 고찰」, ≪세계지역연구≫, Vol. 24, No. 3(2006)을 참조하여 작성했다.

8   칸트는 그의 저서에서 오늘날 말하는 민주주의를 "republican form of government"라고 표현했다.

9   Michael W. Doyle, "Kant, Liberal Legacies and Foreign Affairs", Parts I and II. *Philosophy and Public Affairs*, Vol. 12, No. 3(1983), pp. 205~235, 323~353.

민주평화론에 대한 초기의 논쟁은 민주주의의 개념과 범위, 사용된 통계적 방법의 적실성 등 기술적인 측면에 초점이 맞춰져 있었다.[11] 1990년대 후반부터는 민주주의와 평화 사이의 긍정적인 상관관계를 대부분 인정하면서 이 두 변수 사이의 인과관계에 대한 설명과 함께 이를 검증하려는 노력이 이어졌다. 러셋(Bruce Russett)과 마오즈(Zeev Maoz)는 민주평화론을 설명하는 구조적 모델과 규범적 모델을 제시했다. 이 모델에 따르면 민주주의는 무력을 사용하거나 갈등을 증폭시키려는 정치 지도자에게 제도적으로 제약을 가할 수 있는 정치구조를 가지고 있으므로 전쟁 발발의 가능성이 낮다. 또 하나의 설명은 민주주의에서 타협과 협력을 존중하는 규범은 국가 사이에 일어날 수 있는 이익갈등이 무력충돌로 이어지는 것을 막을 수 있다는 것이며, 이 규범적 모델이 더 강력한 설명력을 가지고 있다고 경험적 연구결과를 보여주었다.[12] 이후에 슐츠(Kenneth Schultz)는 민주주의의 여러 가지 제도 중에서 어떤 제도적 특성으로 인해 국가 사이

---

10 Jack Levy, "Domestic Politics in War", *Journal of Interdisciplinary History*, Vol. 18, No. 4(Spring 1988), p. 662.

11 Melvin Small and David J. Singer, "The War proneness of Democratic Regime, 1816~1965", *Jerusalem Journal of International Relations*, Vol. 1, No. 4(1976), pp. 50~69; Rudolph Rummel, "Liberalism and International Violence", *Journal of Conflict Resolution*, Vol. 27, No. 1(1983), pp. 27~71; Steve Chan, "Mirror, Mirror on the Wall… Are the Freer Countries More Pacific?", *Journal of Conflict Resolution*, Vol. 28, No. 4(December 1984), pp. 617~648; David E. Spiro, "The Insignificance of Liberal Peace", *International Security*, Vol. 19, No. 2(Fall 1994), pp. 50~86.

12 Bruce Russett and Zeev Maoz, "Normative and Structural Causes of the Democratic Peace, 1946~1986", *American Political Science Review*, Vol. 87, No. 3(1993), pp. 624~638.

의 위기 상황 발생이 무력충돌로 이어지는 것을 피할 수 있는지를 연구했다. 이 연구에 따르면, 정치 지도자의 정책실패에 대해 책임을 지우는 민주주의의 제도적 특성보다는, 민주주의 정책결정과정의 개방성과 투명성으로 인해 선호하는 정책을 정확하게 신호로 보낼 수 있는 장치들이 위기상황이 무력충돌로 확대되는 것을 더 효과적으로 막을 수 있다.[13]

민주주의 평화론은 이후에 다수의 학자들에 의해 다양하게 응용되기도 하면서 발전되어왔지만, 이에 대한 반박과 비판도 적지 않다. 대표적으로 파버(Henry Farber)와 고와(Joanne Gowa)는 민주평화론의 현상에 대해 민주주의와 평화 사이의 긍정적인 관계는 피상적인 것이며, 평화와 안정은 국제체제의 성격과 관련이 있다고 했다. 즉, 민주주의 국가 사이에 평화가 유지되었던 것은 냉전체제하에서 서구 민주주의 국가들 사이에 동맹관계가 맺어져 있었던 것에 기인한다고 주장한다.[14] 최근에는 민주평화론자들이 제시한 인과관계에 대해서도 반박하는 연구들이 등장한다.[15] 규범적인 설명에 대한 반박의 한 예를 보면 민주주의 국가 사이에서 신뢰와 존중을 중시하는 협상이

---

13 Kenneth A. Schultz, "Do Democratic Institutions Constrain or Inform? Contrasting Two Institutional Perspectives on Democracy and War", *International Organization*, Vol. 53, No. 2(1999), pp. 233~266.

14 Henry Farber and Joanne Gowa, "Common Interests or Common Polities?", *Journal of Politics*, Vol. 59, No. 2(1997), pp. 393~417; Branislav Slantcheve, Anna Alexandrova, and Erik Gartzke, "Probabilistic Causality, Selection Bias, and the Logic of the Democratic Peace", *American Political Science Review*, Vol. 99, No. 3(2005), pp. 459~462.

15 Sebastian Rosato, "The Flawed Logic of Democratic Peace Theory", *American Political Science Review*, Vol. 97, No. 4(2003), pp. 585~602.

나 타협이 아니라 무력사용의 위협을 적극적으로 활용한 사례가 있다는 것이다. 제도적 설명에 대한 비판 또한 가능하다. 이러한 연구들은 민주주의 국가들이 비민주주의 국가들보다 정치 지도자들의 책임성(accountability)을 근거로 과연 무력충돌을 피할 수 있는 신중한 외교정책을 선택하는지에 대해 의문을 제기한다. 관련하여 정치 지도자의 외교정책 실패로 인한 처벌의 정도에 대해서 도리어 비민주주의 정치 지도자들의 경우 패전 등과 같은 외교안보 정책의 실패에 대한 처벌이 민주주의 국가에 비해 비민주주의 국가에서 더욱 가혹할 수 있다는 반론이 가능하다.[16]

최근에 민주주의 평화론은 기존의 전쟁과 민주주의 사이의 상관관계를 보여주는 실증적인 연구 위에 이론적 설명력을 높이기 위한 합리적 선택론이 합류하면서 연구의 깊이를 더해주고 있다.[17] 이들은 수학공식모형(Formal Theory)을 가지고 연역적으로 민주주의와 평화와의 관계를 정교하게 설명하고 입증하려는 노력을 보여주고 있으며, 더불어 민주평화론이 제시하는 이론적 설명이 다른 부분에 응용되거나 확장되어 평화라는 종속변수뿐만 아니라 여러 다른 형태의 국제관계를 민주주의라는 독립변수를 가지고 설명해볼 수 있는 계기를 마련해주고 있다.

이상에서 민주주의와 평화와의 긍정적인 관계에 대해서 살펴보

---

16 Hein E. Goemans, *War and Punishment: The Causes of War Termination and the First World War* (Princeton, NJ: Princeton University Press, 2000).

17 대표적으로 Bruce Bueno de Mesquita, James D. Morrow, Randolph M. Siverson and Alastair Smith, "An Institutional Explanation of the Democratic Peace", *American Political Science Review*, Vol. 93, No. 4(1999), pp. 791~807 참조.

왔다. 다음에서는 범위를 확대하여 민주주의가 전쟁이 일어난 경우에는 어떤 역할을 할 수 있는지, 국가안보와 관련된 또 다른 영역에 영향을 미칠 수 있는지 알아보기 위해 국가의 전쟁수행 능력과 군사력 증강에서 민주주의와 비민주주의 국가를 비교하여 검토해보고자 한다. 먼저, 민주주의가 전쟁 수행과 결과에 미치는 영향을 살펴보면 다음과 같다.

4 │ 민주주의와 전쟁에서의 승리

민주평화론은 민주주의 국가들 사이에서는 분쟁이나 위기가 전쟁으로까지 이어지지 않는다는 것이다. 이는 민주주의 국가가 비민주주의 국가와는 계속하여 전쟁을 해왔으며, 전쟁의 가능성이 여전히 존재한다는 것을 의미한다. 이 상황에서 제기되는 질문은 과연 두 가지 다른 정치체제를 가진 국가들이 전쟁을 하는 경우 정치체제의 성격이 전쟁의 결과에 영향을 미칠 수 있는가라는 것이다. 지난 200년간 전쟁의 승리확률을 분석해본 결과 군사력과 전략뿐만 아니라 국가의 정치제도가 전쟁의 수행에 크게 영향을 끼치고 있다는 연구결과들이 나오고 있다. 더욱이 이 연구들의 주장을 보면 민주주의 정치제도를 가진 나라의 경우에는 전쟁에서 승리할 가능성도 높다는 것이다.[18]

---

18 David Lake, "Powerful Pacifist: Democratic States and War", *American Political Science Review*, Vol. 86, No. 1(1992), pp. 24~37; Dan Reiter and Allan C. Stam, "Democracy, War Initiation, and Victory", *American Political Science Review*, Vol. 92, No. 2(1998), pp. 377~389; Dan Reiter and Allan

이러한 연구결과는 전쟁을 수행한다는 것은 물리적인 행위임과 동시에 정치적, 사회적 행위라는 것을 시사하고 있다. 따라서 미래의 전쟁을 대비하고 전쟁의 미래를 예측하기 위해서는 군사력의 범위를 넘어서 여러 가지 새로운 정치적, 사회적 변수들을 모두 고려해 보아야 한다. 특히 여기서는 민주주의와 같은 정치적 변수를 비롯하여 주위 환경의 변화를 적극적으로 반영할 수 있는 새로운 정치/사회적 변수들을 찾아내는 노력을 통해서 미래의 전쟁을 준비하고 승리로 이끌 수 있다는 것을 강조하고자 한다. 즉, 전쟁은 정치적, 사회적, 군사적인 면이 공존하여 이루어지는 현상이므로, 정치적, 사회적 흐름의 변화를 인식하고 이러한 변화를 전쟁결과의 함수에 포함시켜가며 미래의 전쟁을 준비해야 한다는 것이다.

그 첫 단계로서 먼저 민주주의가 전쟁결과에 영향을 준다면 어떤 요인이나 경로를 통해서 가능한 것인지 살펴볼 필요가 있다. 이와 관련된 연구에서 제시된 여러 가지 설명을 살펴보면 다음과 같다. 첫째, 민주주의와 평화 사이의 긍정적인 관계에 대한 구조적 혹은 제도적인 설명이 존재한다. 민주주의 국가는 정치 지도자들이 정책의 실패에 대해 책임져야 하는 구조를 가지고 있으므로 전쟁의 패배에 대해서도 책임지도록 되어 있다. 그러므로 민주주의 국가의 정치 지도자들은 이에 대한 책임에서 피하거나 벗어나기 위해 반드시 이길 수

C. Stam, *Democracies at War*(Princeton NJ: Princeton University Press, 2002); Christopher Gelpi and Michael Griesdorf, "Winners or Losers? Democracies in International Crisis, 1918-94", *American Political Science Review*, Vol.95, No.3(September 2001), pp. 633~647; Ajin Choi, "The Power of Democratic Cooperation", *International Security*, Vol. 28, No. 1(Summer 2003); Ajin Choi, "Democratic Synergy and Victory in War, 1817~1992", *International Studies Quarterly*, Vol. 48, No. 3(September 2004).

제1부 민군관계와 군사력

있는 전쟁을 선택할 가능성이 높다는 것이다.[19] 이와 같이 정치 지도자가 이길 수 있는 전쟁을 선택한다는 주장은 합리적 선택론이 제시하는 가정—정치 지도자는 자신의 권력의 유지를 최대화하는 것을 목적으로 정책을 선택한다는—에 기반을 두고 있다. 일반적으로 이러한 입장은 연역적으로 명료한 논리를 가지고 간략한 설명을 제시한다는 평가를 받고 있지만 전쟁과정에서 일어날 수 있는 예측불가능한 상황이나 요인들을 간과하는 등의 불확실성을 과소평가하고 있다는 지적을 받고 있다. 또한 앞에서 소개했듯이 경험적으로 비민주주의 국가의 정치 지도자들이 패전과 같은 정책실패에 대해 더 심각한 처벌을 받기도 한다는 의문에 대해서도 답하지 못하고 있다.[20]

둘째, 정치 지도자가 이길 수 있는 전쟁을 선택할 가능성이 높은 이유 중에 하나는 민주주의 국가에서는 다양한 정보가 시장을 통해 경쟁하고 있으므로 정책결정과정에서 우수한 정보가 채택될 수 있다는 것이다. 피어런(James Fearon)은 전쟁의 원인을 국가 간의 관계 특히 중대한 이익이 달린 협상과정에서 나타나는 정보의 부족이나 거짓 정보와 같은 불확실성에 기인한다고 설명했다.[21] 이 주장을 민주주의 국가의 정보 수준과 연결시키면 정보의 우월성으로 인해 민주주의 국가의 정치 지도자는 상대방의 능력과 의도뿐만 아니라 자국

---

19 Dan Reiter and Allan C. Stam, "Democracy, War Initiation, and Victory", *American Political Science Review*, Vol. 92, No. 2(1998); Dan Reiter and Allan C. Stam, *Democracies at War*(Princeton NJ: Princeton University Press, 2002).

20 Hein E. Goemans, *War and Punishment: The Causes of War Termination and the First World War*(Princeton, NJ: Princeton University Press, 2000).

21 James D. Fearon, "Rationalist Explanations for War", *International Organization*, Vol. 49, No. 2(Summer 1995), pp. 379~414.

의 능력에 대해서도 보다 정확하게 평가할 수 있으므로 이길 수 있는 전쟁을 선택할 수 있다는 것이다.[22] 그러나 최근 미국의 이라크전쟁은 이에 대한 반론으로 제시될 수 있다. 이라크가 대량살상무기를 보유하고 확산시키려 한다는 주장은 미국이 전쟁을 서두르게 만들었으나, 결국에는 대량살상무기에 대한 정보가 오보였음이 전쟁과정에서 드러났을 뿐만 아니라 예상과 달리 전쟁은 장기화되기까지 했다.

셋째, 민주주의 국가에서는 사회적인 합의를 이룬 후에 전쟁을 수행할 뿐만 아니라 비민주주의 국가를 상대로 싸우게 되므로 전투력을 동원하기 수월하고 군인들의 전투의지도 훨씬 강하다는 것이다. 특히 스탐(Allan Stam)과 라이터(Dan Reiter)는 각 전투에서의 민주주의 국가 군대의 우월성을 주장하고 그 근거를 제시하고 있다. 첫째, 자유를 보장하고 정당하게 선출된 정부를 가지고 있는 국가에 대해 군인들은 더 높은 사기와 자긍심을 가질 수 있게 되고, 이러한 성향이 전투능력을 발휘할 수 있는 동력이 된다. 둘째, 개인의 권리를 존중하는 민주주의적 문화는 군인들이 닥친 문제들을 스스로 풀어나갈 수 있는 자발성을 배양해줄 수 있으므로, 병사들이 전투에 임해서도 자발적으로 문제를 해결하고 풀어보려고 하므로 전투능력이 함양될 수 있다. 셋째, 전투를 하면서 민주주의 국가의 군인들은 비민주적이고 억압적인 사회의 포로가 되는 것을 피하기 위해 전투에서 치열하게 싸우는 반면에 강압적인 국가의 군인들은 전투를 상대적으로 포기할 가능성이 높을 수 있다. 넷째로는 정치제도의 차이가 군대에서의 리더십의 차이로 이어져 전투능력과 전쟁결과에 영향을 줄 수

---

22 Kenneth A. Schultz, "Do Democratic Institutions Constrain or Inform? Two Institutional Perspectives on Democracy and War", *International Organization*, Vol. 53, No. 2(Spring 1999), pp. 233~266.

있다는 것이다. 민주주의의 경우에는 군대 리더십의 선정과정이 대체로 능력 위주로 이루어지는 법치에 기반을 두고 있는 반면, 비민주주의 국가에서는 개인적 친분이나 정략적인 요소에 크게 의존하게 된다. 따라서 이러한 장교들은 실제 전투에서 위기 대처 능력이나 전략적 판단 능력이 발휘되기 어려울 수 있다는 것이다.[23]

위의 설명은 군인들의 사기, 자발성, 리더십이 전쟁수행에서 결정적으로 중요한 역할을 할 수 있다는 데 근거를 두고 있다. 반면에 이러한 요소들이 과연 전쟁수행에서 물질적 자원 동원 능력보다 중요한지 그리고 무관하게 이루어질 수 있는지, 또는 민주주의와 같은 정치적 이데올로기와 깊이 연관되어 있는 것인지 대해서는 의문이 제기되기도 한다. 또한 이러한 군대의 사기와 전투능력의 차이는 정치제도의 차이에 의해 나타나기보다는 민족주의의 영향력을 고려해 보아야 한다는 비판적인 주장도 제기되기도 한다.[24]

이상에서 민주주의 국가가 전쟁을 수행함에 있어서 사기, 자발성, 리더십과 같은 비물질적인 부분에 미치는 영향을 살펴보았다면 다음에서는 민주주의와 전쟁수행에 필요한 물질적 자원의 동원 능력

---

23 Dan Reiter and Allan C. Stam, *Democracies at War*(Princeton NJ: Princeton University Press, 2002), pp. 58~83.

24 Michael C. Desch, "Democracy and Victory: Why Regime Type Hardly Matters", *International Security*, Vol. 27, No. 2(Fall 2002), pp. 5~47; Alexander Downes, "How Smart and Tough Are Democracies? Reassessing Theories of Democratic Victory in War", *International Security*, Vol. 33, No. 4(Spring 2009), pp. 9~51. 위의 두 논문은 전쟁승리에 있어서 민주주의의 역할에 대해서 비판적인 시각을 대표한다. 특히 Desch(2002)는 연구 디자인과 변수의 측정에서부터 시작하여 이론적 주장의 타당성과 일관성, 관련 자료와 사례의 문제를 지적하면서 민주주의와 전쟁승리와는 아무런 관련성이 없다는 주장을 펴고 있다.

에 대해 살펴보기로 한다. 레이크(David Lake)의 경우 민주주의 국가
는 정책결정과정에서 부패나 지대추구(Rent-seeking)와 같은 경제발전
을 저해하는 요소를 줄일 수 있어 경제성장에 유리하고, 이렇게 얻어
진 경제성장은 군사비 지출로 이어질 수 있어 전쟁수행에 필요한 물
질적 자원을 동원할 수 있으므로 전쟁을 승리로 이끌 수 있다고 보았
다.[25] 이를 뒷받침하는 연구로 골드스미스(Benjamin Goldsmith)는 전쟁
중의 국방비와 민주주의 국가 사이에 긍정적인 상관관계가 있다는
것을 경험적으로 제시했다.[26]

그러나 스탐과 라이터는 민주주의 승리론에는 공감하지만 경제
력을 승리요인으로 보는 주장에 대해서는 두 가지 질문을 제시한다.
첫째로는 전쟁수행에서 경제력의 영향을 살펴보기 위해서는 민주주
의 국가가 상대적으로 경제력이 강한 국가인지, 둘째로는 전쟁수행
을 위하여 사회에서 자원을 효과적으로 동원할 수 있는가 하는 것이
다. 첫 번째 질문에 대해, 민주주의와 경제성장과의 관계는 여전히
논쟁 중에 있지만, 라이터와 스탐은 민주주의 국가의 경제적 우월성
에 대해 회의적인 의견을 제시했다. 즉, 전쟁에 참여한 국가들만 보
더라도 민주주의 국가의 경제수준이 높다고 볼 수 없으므로 민주주
의가 경제적으로 부유하기 때문에 전쟁에 승리한다고 볼 수 없다는
것이다. 대표적인 예는 두 차례의 세계대전에서 독일의 사례를 들 수
있는데 독일은 상대적으로 우월한 경제력을 바탕으로 군사력을 키우

---

25 David Lake, "Powerful Pacifist: Democratic States and War", *American Political Science Review*, Vol. 86, No. 1(1992).

26 Benjamin E. Goldsmith, "Defense Effort and Institutional Theories of Democratic Peace and Victory Why Try Harder?", *Security Studies*, Vol. 16, No. 2(April 2007), pp. 189~222.

면서 전쟁준비를 하고 있었다.

　두 번째 질문인 자원동원과 전쟁승리와 관련한 주장에 의하면, 민주주의 국가는 국민들로부터 지지를 받고 있으므로 비물질적 지원뿐만 아니라 물질적인 지원도 더 많이 받을 수 있다는 것이다. 또한 민주주의 국가는 비민주주의 국가보다 많은 공공재를 제공할 수 있는 체제로서 전체 경제에서 지도자나 소수집단의 사적인 이익이 차지하는 비율이 낮아서 국방과 전쟁수행에 필요한 공공재에 더 많은 자원을 동원할 수 있다는 것이다. 이러한 주장에 대해 라이터와 스탐은 국가의 동원능력은 전쟁승리에 중요한 요소이지만 이는 정치제도의 종류가 아니라 국가 제도의 성숙도나 능력과 비례하는 것이라고 보면서 반박하고 있다. 국가의 능력에 대한 연구는 일찍이 오간스키 (A. F. K. Organski)와 쿠글러(Jacek Kugler)의 저서에서 강대국 전쟁을 분석하면서 제시되었다. 이들은 국가의 능력이 전쟁의 승패를 결정짓는 중요한 요소라고 보았으며, 강대국 전쟁에서 국가가 패배했더라도 국가능력으로 인해 20여 년 내에 이들 국가들은 다시 국력을 회복할 수 있다고 보고 이를 피닉스 효과라고 부르면서 독일과 일본 등을 사례로 들고 있다.[27]

　그러나 민주주의 국가의 전쟁수행을 위한 자원동원력에 대해서 골드스미스는 민주주의 국가가 정치적 경쟁과 행정부에 대한 제약 등과 같은 민주주의적 성격으로 인해 평상시에는 낮은 수준의 국방 부담을 지우나 전쟁 시에는 국방을 위해 더 열심히 노력할 수 있어 더 많은 자원을 동원할 수 있다는 것을 경험적 사례를 가지고 체계적

27　A. F. K. Organski and Jacek Kugler, *The War Ledger* (The University of Chicago Press, 1980).

으로 보여주고 있다.[28]

　다음으로는 전쟁 중 국가의 자원동원 능력을 국내에서 찾지 않고 동맹국과 협력에서 찾는 주장이 있다. 최아진은 지난 200년간의 연합전쟁에 초점을 맞추어 민주주의 국가의 전쟁 수행 능력을 분석했다. 특히 20세기에 들어서 민주주의 국가는 연합으로 전쟁에 참여했고 다수의 연합전쟁에서 승리를 거두었다. 이 연구에 따르면 민주주의 국가는 전쟁에서 함께 싸우는 동맹국에 대한 공약과 협력의 정도를 증진시켜 전쟁을 승리로 이끌 수 있다고 주장하고 있다. 또한 동맹국으로서 민주주의 국가의 수가 증가할수록 전쟁에서 이길 가능성이 높다는 상관관계를 제시하면서 동맹국의 정치체제와 상관없이 민주주의 국가가 비민주주의 국가에 비해 동맹국에 대한 협력의 수준이 높다는 것도 보여주고 있다.[29] 이러한 높은 수준의 협력에 대한 설명은 민주주의 국가에서 정책이 일단 결정되면 그 정책을 변경하기 힘들고, 따라서 동맹국을 지원하는 정책도 지속성이 높아 전쟁 결과에 긍정적인 역할을 할 수 있다는 것이다. 레스닉(Evan Resnick)은 제2차 세계대전 기간 중에 연합군을 대상으로 하는 역사적 사례연구를 통해 정치제도의 차이가 동맹국 사이의 협력의 차이를 가져온다는 것을 보여주고 있다.[30]

28　Benjamin E. Goldsmith, "Defense Effort and Institutional Theories of Democratic Peace and Victory Why Try Harder?", *Security Studies*, Vol. 16, No. 2(April 2007).

29　Ajin Choi, "The Power of Democratic Cooperation", *International Security*, Vol. 28, No. 1(Summer 2003), pp. 142~153; Ajin Choi, "Democratic Synergy and Victory in War, 1817~1992", *International Studies Quarterly*, Vol. 48, No. 3(September 2004), pp. 663~682.

30　Evan Resnick, "Hang Together or Hang Separately? Evaluating Rival Theories

일반적으로 민주주의와 동맹국과의 협력에 대해서는 긍정적인 평가가 많다. 민주주의 국가가 전쟁 발생 시 동맹국을 지원하면서 참전할 가능성이 높고, 민주주의 국가들 사이의 동맹이 오래 지속된다는 것이다. 이러한 동맹과 민주주의 사이의 긍정적인 관계는 다음에서 자세히 살펴보겠지만 전쟁수행에 있어서도 나타난다.

5 | 민주주의와 군사력 증강

국방에서 군사력은 핵심적인 요소이다. 군사력은 군대와 군사기술 및 무기체계와 같은 가시적인(물질적) 부분과 전략, 지도력, 사기와 같은 비가시적인(비물질적) 부분으로 나눌 수 있고, 전쟁 수행 중에 직접 사용하여 효과를 발휘할 수 있을 뿐만 아니라 군사력의 수준 자체가 전쟁을 억제/억지하는 기능을 하고 있다. 따라서 군사력은 전쟁방지와 전쟁결과를 분석하는 많은 연구에서 지속적으로 중요한 변수로 자리 잡고 있다. 위에서 민주주의 국가라는 요소가 전쟁이 발생한 후 군사력을 가지고 그 결과를 승리로 이끌어내는 데 미치는 영향을 살펴보았다면 다음에서는 민주주의 국가가 전쟁을 억지/억제할 수 있는 군사적 효과에 초점을 맞추어 살펴보기로 한다.

---

of Wartime Alliance Cohesion", *Security Studies*, Vol. 22, No. 4(November 2013), pp. 672~706.

5.1 | 적에 대한 억지력

군사력은 전쟁에서 직접적으로 적국을 패배시키는 데 사용되기도 하지만 적국의 도발적 행동을 포기시켜 무력충돌을 방지하는 데도 효과적이다. 이와 같은 억지에 있어서 중요한 요소는 보복을 할 수 있는 군사력의 우위의 확보, 보복을 하겠다는 의지, 그 의지를 효과적으로 전달하는 것이다. 이 경우에 특히 보복의 의지와 의지의 전달은 국가 정치체제의 성격과 관련하여 설명할 수 있다. 즉, 같은 수준의 군사력을 보유하고 있더라도 정치제도의 성격에 따라 억지를 위한 군사력의 효과가 달라질 수 있다는 것이다.

피어런에 따르면 민주주의 국가들은 정책을 이행하면서 실패를 하거나 중도에 포기하는 경우 상대적으로 높은 수준의 국내적 청중비용(Domestic Audience Costs)을 지불해야 한다. 즉, 민주주의 국가들이 분쟁 중인 상대방 국가에 대해서 무력을 사용하겠다고 위협한 후에 뒤로 물러선다면 민주주의 국가의 지도자들은 그 정책 실패에 대하여 반드시 다음 선거에서 심판을 받게 되는 등 상대적으로 많은 비용을 지불하도록 되어 있다. 이는 역으로 상대방 국가에게 가하는 무력사용의 위협이나 무력사용의 의지에 대한 의사전달이 보다 신빙성이 있을 수 있고, 따라서 효과적일 수 있다는 것이다. 이와 같이 민주주의 국가의 무력사용 위협과 의지에 관한 의사전달은 믿을 수 있는 것으로 여겨지게 되므로 상대방 국가는 무력사용과 분쟁의 확대에 따를 비용을 감수하기 어렵다고 판단되면 물러설 가능성이 높다는 것이다. 즉, 억지 효과에서의 차이를 민주주의와 비민주주의 국가의 군사력 동원 및 사용에 대한 커미트먼트(Commitment)에 따르는 국내 청중비용의 차이를 가지고 설명한다. 민주주의 국가에서의 높은 청

제1부 민군관계와 군사력

중비용은 무력사용의 위협 앞에서 상대방 국가가 양보하거나 물러설 가능성을 높여서 결과적으로 위기가 무력충돌로 확대되는 것을 효과적으로 막을 수 있다는 것이다.[31]

청중비용이론(Audience Cost Theory)은 현재 많은 논쟁을 일으키고 있다. 스나이더(Jack Snyder)와 보그하드(Erica Borghard)는 청중비용의 효과가 매우 미미하다는 비판적인 논문을 발표했다.[32] 이들에 의하면 정치 지도자들은 대부분 상대방의 무력사용 위협을 신중하게 여기지 않으며, 여론은 정책의 일관성보다 내용에 대해 민감하게 반응한다는 것이다. 특히 권위주의 국가가 상대방인 민주주의 국가의 청중비용까지 고려하면서 전략적 판단을 하지는 않는다는 것이다. 이러한 비판적 입장에 대해서 최근 청중비용을 직접 추정할 수 있는 모델을 개발하여 청중비용이 존재할 뿐만 아니라 그 영향력도 매우 크다는 것을 이론적, 경험적으로 제시한 연구결과들이 계속 발표되고 있다.[33]

적에 대한 억지에 있어서 민주주의 국가의 또 다른 영향을 살펴보면, 국제체제에서 두 세력이 힘의 균형을 이루고 있을 때 민주주의 동맹국을 가진 세력이 억지력을 효과적으로 발휘할 수도 있다는 것

---

31 James D. Fearon, "Domestic Political Audiences and the Escalation of International Disputes", *American Political Science Review*, Vol. 88, No. 4 (September 1994), pp. 577~592.

32 Jack Snyder and Erica Borghard, "The Cost of Empty Threats: A Penny, Not a Pound", *American Political Science Review*, Vol. 105, No. 4(August 2011), pp. 437~456.

33 Shuhei Kurizaki and Taehee Whang, "Detecting Audience Costs in International Disputes", *International Organization*, Vol. 69, No. 4(Fall 2015), pp. 949~980.

이다. 분쟁 중인 두 국가의 힘 사이에 균형이 이루어지는 경우, 무력 사용의 결정과 관련하여 불확실성과 전쟁승리에 대한 오산 가능성이 커지면서 전쟁의 가능성이 높아질 수 있다. 하지만 도전자가 민주주의 동맹국을 가진 국가를 상대로 전쟁을 일으키려 할 때 민주주의 동맹국에 대한 능력과 신뢰도에 관한 정보의 불확실성 정도는 비민주주의 동맹국의 경우보다 상대적으로 낮으므로 군사력이나 의지에 대한 불확실성 또는 전쟁의 승리를 낙관하는 등 오산에 의한 전쟁의 가능성을 줄일 수 있을 것이다.

이와 같이 민주주의 국가는 청중비용으로 인해 스스로 억지력을 높일 수 있을 뿐만 아니라, 동맹국으로서 상대편에 불확실성의 수준과 오산의 가능성을 낮추어줄 수 있어 분쟁의 확대나 전쟁의 발생을 막는 역할을 할 수 있다.

5.2 ┃ 동맹과의 협력

왈츠(Kenneth Waltz)는 국력을 증강시키는 요소로서 내부적 견제력(internal balancing)과 외부적 견제력(external balancing)을 나누어 제시했다.[34] 전자는 자국의 국력을 증대시키는 방안이고 후자는 동맹을 결성하여 국력을 증강시키는 방법이다. 이 후자의 경우에는 동맹을 체결하여 빠른 시간 내에 국력을 증강시킬 수 있는 장점이 있는 반면에, 앞의 정치체제에 따른 동맹국의 억지 측면에서도 살펴보았듯이 동맹국의 능력과 의사에 항상 불확실성이 존재하므로 신뢰성의 문제

---

34 Kennth N. Waltz, *Theory of International Politics*(Reading, MA: Addison-Wesley Publishing Company, 1979), pp. 160~170.

가 제기될 수 있다. 많은 연구들이 과연 동맹국을 신뢰할 수 있는 것인가부터 시작하여 민주주의 동맹국과 비민주주의 동맹국 사이에 차이가 존재하는지에 대해 지속적으로 진행되어왔다.

대표적으로 가바츠(Kurt Gaubatz)는 민주주의 국가 사이에 동맹이 오래 지속되므로 민주주의 국가가 보다 신뢰할 수 있는 동맹국이라고 주장하고 있다.[35] 리즈(Brett A. Leeds)와 공저자들은 민주주의 국가의 경우 동맹국이 침략을 당했을 때 전쟁에 참여하는 쪽으로 결정하는 비율이 높다는 것을 보여주면서 민주주의 국가가 더욱 신뢰할 수 있는 동맹국으로서 국력 증강과 국방에 더 많이 기여할 수 있다는 주장을 펴고 있다.[36]

반면에 가츠키(Erik Gartzke)와 글레디쉬(Christian Gleditsch)는 민주주의 사이의 동맹이 상대적으로 오래 지속되기는 하지만, 이론적으로 민주주의 국가들이 동맹국을 위해서 전쟁 참여를 결정할 동기는 부족하다고 지적하고 있다.[37] 특히 동맹결성과 민주주의와의 관계에서 나타나는 연구결과의 차이에 대해서 지버(Douglas Giber)와 울퍼드(Scott Wolford)는 연구 디자인이나 변수측정 문제와도 관련이 있다고 보았다. 이에 따라 표준화된 연구 디자인을 사용하여 분석한 결과 민주주의 국가는 민주주의 국가와 동맹을 맺을 가능성이 높은 것은 아

---

35 Kurt Gaubatz, "Democratic States and Commitment in International Relations", *International Organization*, Vol. 50, No. 1(Winter 1996), pp. 109~140.

36 Brett Ashley Leeds, Andrew Long, and Sara McLauglin Mitchell, "Reevaluating Alliance Reliability", *Journal of Conflict Resolution*, Vol. 4, No. 5(October 2009), pp. 686~699.

37 Erik Gartzke and Kristian Skrede Gleditsch, "Regime Type and Commitment: Why Democracies are Actually Less Reliable Allies", *American Journal of Political Science*, Vol. 48, No. 4(October 2004), pp. 775~795.

니지만 사실상 민주주의 국가끼리 동맹관계를 맺고 있는 비율이 높다는 연구결과를 제시했다.[38] 최아진은 전쟁 중에 동맹국 간의 협력 및 동맹국에 대한 충성심(Loyalty)을 비교하면서 민주주의 국가들이 전쟁에 참여하기로 결정을 하고 나면 전쟁이 끝날 때까지 포기하지 않고 동맹국과 함께 싸울 가능성이 높다는 주장을 하고 있다.[39]

앞에서 언급했듯이 동맹은 빠른 시간 내에 군사력을 증강할 수 있는 중요한 수단이지만 스스로의 군사력 증대와 비교하면 상대적으로 불확실성이 높은 방법이다. 이러한 불확실성의 수준이 동맹국의 정치체제가 민주주의인지 아닌지에 따라 달라질 수 있다. 대체로 민주주의 국가와 동맹관계가 있는 경우에 민주주의 국가의 제도적 특성과 규범으로 인해 정책의 일관성과 투명성이 높아 불확실성을 줄여나갈 수 있으므로 군사력 증대의 효과를 더 높일 수 있다.

6 | 결론: 국방에 대한 함의

이 장에서는 국가의 정치제도의 차이가 평화, 전쟁의 결과, 억지 및 동맹관계와 관련된 군사력 증강에 미칠 수 있는 영향에 대해 살펴보았다. 특히 민주주의적 정치제도와 규범이 국방에 미칠 수 있는 영향을 국제정치학에서 축적되어온 이론과 경험적 연구결과를 중심으

---

38 Douglas Giber and Scott Wolford, "Alliances, Then Democracy: An Explanation of the Relationship between Regime Type and Alliance Formation", *Journal of Conflict Resolution*, Vol. 50, No. 1(February 2006), pp. 129~153.

39 Ajin Choi, "Fighting to the Finish: Democracy and Commitment in Coalition War", *Security Studies*, Vol. 21, No. 4(November 2012), pp. 624~653.

로 살펴보았고 부분적으로 비판적 주장도 소개했다.

　이러한 노력은 국가의 군사력과 전략 등의 전통적인 요소를 가지고 전쟁과 평화를 설명하고 있는 입장을 넘어서고, 국제관계와 외교정책에서 민주주의가 부정적인 역할을 한다는 현실주의적 주장을 반박하며, 민주주의 국가의 제도와 규범이 평화, 안보, 국력의 증강에 긍정적으로 작용할 수 있다는 것을 보여주고 있다. 이러한 새로운 입장은 전쟁의 미래를 예측하고 미래의 전쟁을 준비하는 과정에서 반드시 주지해야 할 사항이라고 볼 수 있다. 다시 말하면 앞에서 설명한 민주주의 역할이 천편일률적으로 적용되는 것은 아니지만 민주주의의 제도적 장점과 규범을 잘 활용한다면 전쟁을 방지하면서 안보를 강화할 수 있는 군사력을 증강시키고 그 효과를 높여가는 데도 큰 역할을 할 수 있을 것이다.

　따라서 앞으로 학문적으로는 민주주의의 역할에 대해 이론적으로 더욱 발전시키고 경험적으로 더욱 엄격하게 검증해 나가야 할 것이다. 이와 더불어 실제 국면에서도 안보 및 국방 정책결정과정에서 민주적 원칙과 절차를 존중하고 그에 따라 실행해 나가도록 해야 할 것이다. 이러한 실천을 통해서 효과적인 국방, 안보, 외교 정책이 채택될 가능성이 높을 뿐만 아니라, 정책의 정당성도 높일 수 있어 국내외적으로 소모적인 의심과 논쟁이 줄어들 수 있다. 또한 전쟁의 미래와 미래의 전쟁을 준비하는 데 있어서 민주주의의 영향과 역할뿐만 아니라 동시에 이를 바탕으로 새로운 정치적, 사회적 요소들을 찾아보고 이들의 영향력에 대해서 살펴보는 노력도 함께 이루어져 할 것이다.

　한국의 경우 민주주의가 국방력의 증대에 미치는 영향에 대한 논의가 많지 않았을 뿐만 아니라 도리어 이와 관련하여 민주주의의 부정적인 영향이 강조되어왔다. 국방과 관련해서는 민주주의가 효율적이지 못하다고 여겨졌고, 도리어 권력의 집중, 신속한 결정, 여론의 문제점들이 강조되어왔다. 그러나 여러 선진 민주주의 국가들의 성과를 본다면 민주주의에 대한 기존의 회의적인 관점에서 벗어나서 안보와 국방에서 민주주의가 가지고 있는 긍정적인 효과에 대해서 적극적으로 관심을 가지고 검토해볼 필요가 있다.

특히 한국은 민주화를 이루었으며 민주주의 국가와 동맹을 맺고 있는 상태에서 비민주주의 국가인 북한과 대치하고 있다. 민주주의 국가라는 강점과 민주주의 국가와 동맹을 맺고 있는 장점을 살려서 국방 및 외교 안보정책을 수립해 나가야 할 것이다. 민주주의 국가는 효율적으로 자원을 동원하고 국민의 지지를 받으며 군사력을 증강해 나갈 수 있고 동맹 사이의 신뢰 및 결속력이 강하여 무력충돌 시에도 승리할 확률이 높으므로 적의 무력사용에 대한 억지력을 한층 높여 평화와 안정을 유지하는 데 도움이 될 수 있을 것이다.

또한 현재 국방개혁을 진행하고 있는 과정에서도 민주적 절차와 규범의 중요성은 강조될 수 있다. 사실상 당사자들 사이에서 합의 도출이 어려운 상황이 이어져 개혁이 정체되어왔고 진전을 이루지 못하고 있었다. 이제 정부의 확고한 의지를 추진력으로 삼아 개혁의 새로운 계기를 만들어가야 하는 시점에 있다. 국방개혁을 각 집단의 이익의 조정이나 함수로만 해석하는 관행을 넘어서 사회 전체를 위한 공공재를 제공한다는 입장에서 투명하고 일관성 있게 민주적 절차와 규범에 맞추어 추진해 나간다면 개혁의 효과성뿐만 아니라 국민의 지지를 얻으면서 좋은 결실을 얻어나갈 수 있을 것이다.

앞에서 보았듯이 민주주의는 전쟁을 막고 평화를 유지하는 데 있어서뿐만 아니라 전쟁수행과 군사력의 증강에도 긍정적인 역할을 할 수 있다는 다수의 연구결과들이 나와 있다. 또한 사실상 많은 선진국들이 민주적 절차와 규범에 의존하여 국력을 키우고 국가 간의 협력을 통해 평화와 안정을 유지해오고 있음을 인식하고, 한국의 민주주의를 지속적으로 공고화해 나가면서 국방력을 비롯한 국력의 증대를 이루고 더 나아가 동북아 지역 및 세계 평화에 기여할 수 있도록 정진해야 할 것이다.

제3장

이스라엘의 민군관계 누가 통수권자인가? 6일 전쟁의 교훈*

니브 파라고 *Niv Farago*

1 │ 서론

1948년 건국 이후, 이스라엘 군(IDF, Israel Defense Forces)은 이스라엘 국민의 열렬한 지지를 받으며 민간 행정부와 좋은 관계를 유지하고 있다. 징병제 때문에 이스라엘 군은 1948년 이전부터 거주했던 유대인 주민들과 유럽 출신 유대인들이 서로 융합할 수 있는 사회의 용광로로 작동했으며, 군(軍)은 이스라엘 내에서 다양한 계층의 사람들과 사회경제적 집단들 사이를 중재했다. 지난 70년간, 이스라엘 군은 유대 국가의 생존권을 위협하는 아랍 국가들의 침공을 성공적

---

* 이 글의 초기 형태는 다음과 같은 영문 논문으로 출판되었다. Niv Farago, "Government-Military Relations in Israel: Who's the Boss? Lessons from the Six-Day War", *The Korean Journal of Defense Analysis*, Vol. 29, No. 4 (December 2017), pp. 633~650.

으로 막아내며 응징해왔다. 1948년과 1967년 그리고 1973년, 이스라엘 군은 둘 이상의 아랍 군대들과 전쟁을 치렀으며, 모든 전선에서 승리했다.

이스라엘 군의 승리 덕분에, 이스라엘 국민들은 민간 정부는 국가안보에 관련한 문제에서 군의 권고를 수용해야 한다고 인식하게 되었다. 전직 의원이며 뛰어난 학자인 예후다 벤마이어(Yehuda Ben-Meir)는 정치가와 정책결정자들이 국가안보에 관한 쟁점들에 대해, 특히 언론이 정부와 군의 견해가 상충한다고 보도하는 쟁점들에 대해 군과 의견이 일치하지 않는 것을 꺼려한다고 지적했다. 이스라엘 정치인들은 군의 의견을 반대하거나 거절한 것이 틀렸다고 밝혀졌을 경우에 그들이 치르게 될 대가를 알고 있다.[1]

중동지역의 정치군사적 문제점들은 너무나도 복잡하기 때문에 손쉬운 해결책은 없다. 따라서 해결책을 찾기 위해서는 이스라엘의 민간 정부와 군이 지속적으로 대화하고 이를 통해 정책을 수립하고 집행해나가야 한다. 이스라엘 합참의장을 지냈으며, 국방부 장관이기도 했던 모세 얄론(Moshe Ya'alon)은 이와 같은 민군 간의 대화가 정부의 목표와 정치적 목적의 실행을 위해서 필요한 군사적인 선택 및 그 한계를 논의하는 데 필수적이라고 보았다. 그러나 이러한 대화에서 군이 주도권을 행사했고, "때로는 그 주도권은 너무나도 강력해서" 이스라엘의 정책결정과정 중에 외교부나 국가안보위원회 등과 같은 민간 조직들이 많은 경우에 발언권을 상실했다.[2] 이러한 상황

1   Yehuda Ben-Meir, "Shikoolei ha'dragim be'yimootim tzvayiim"(civil-military considerations during armed conflicts)[in Hebrew], *Civil-Military Relations in Israel in Times of Military Conflict*, ed. Ram Erez(Tel Aviv: INSS, 2006), p. 22.

은 군의 기획 및 정보국장이 국가안보를 위한 계획을 준비할 뿐만 아니라 평시 외교정책 관련 문제에 대해 내각에 권고할 책임이 있다는 사실에서 분명하게 드러난다.[3]

이스라엘 군과 내각의 관계에 대한 얄론의 시각은 특이한 것은 아니다. 많은 정치인들과 학자들은 70여 년의 짧은 이스라엘 독립의 역사에서 군이 이스라엘의 정책결정과정에서 주도권을 행사해왔다고 생각한다.

이스라엘 외교부와 의회 국방위원회 소속이며, 국가안보에 관해 저술 활동을 해온 오페르 셸라(Ofer Shelah)는 이스라엘 군의 행태에 가장 비판적인 전문가 가운데 하나이다. 셸라는 1967년 전쟁 전야 당시 군이 주도권을 행사했다는 증거로, 레비 에슈콜(Levi Eshkol) 수상과 내각에 이스라엘 군이 이집트에 대한 선제공격을 감행하라고 압력을 행사한 사례를 지적한다.[4]

특히 이스라엘 군이 민간 정부의 의사결정을 주도하면서 많은 문제가 발생했다. 민간 정부가 전쟁을 결정하기 직전, 이츠하크 라빈(Yitzhak Rabin) 합참의장과 아리엘 샤론(Ariel Sharon) 장군 등은 정부가 승인하지 않더라도 군이 독자적으로 이집트를 공격하는 문제를 논의했다.[5] 특히 샤론 장군은 이스라엘과 이집트의 긴장을 완화하려는

---

2   Moshe Ya'alon, "ha'siakh bein ha'dereg ha'tzvayi la'dereg ha'medini: ha'ratzooy mool ha'matzooy"(civil-military dialogue: how it should be conducted and the reality)[in Hebrew], *Civil-Military Relations in Israel in Times of Military Conflict*, ed. Ram Erez(Tel Aviv: INSS, 2006), p. 17.

3   Shai Feldman, "Mavo"(introduction)[in Hebrew], *Civil-Military Relations in Israel: Influences and Restrains*, ed. Ram Erez(Tel Aviv: INSS, 2003), p. 14.

4   Ofer Shelah, *Ha'ometz Le'natzeakh(Dare to Win: Security Policy for Israel)* [in Hebrew](Tel Aviv: Miskal, 2015), pp. 250~251.

제1부 민군관계와 군사력

이스라엘 정부의 외교적 움직임을 무력화시키려고 했다. 당시 라빈 합참의장은 샤론의 주장을 거부했지만, 셸라는 전쟁이 발발하자 군 우위의 문제가 불복종의 핵심으로 악화되었다고 주장한다. 6일 전쟁 당시 모세 다얀(Moshe Dayan) 국방장관이 수에즈 운하 지역으로 진격 하지 말라고 명령했지만, 시나이 반도에 위치한 이스라엘 사단은 국 방장관의 명시적인 명령을 무시하고 운하 유역으로 진격했다.[6]

이스라엘 군이 민간정부의 정책 및 의사결정 과정에서 주도권을 행사하는 문제를 해결하기 위해, 얄론과 셸라는 1999년 총리 직속으 로 설립된 국가안보위원회(NSC)의 권한을 강화할 것을 제안한다. 국 가안보위원회의 권한이 강화되면, 정치 지도자인 총리 및 내각 구성 원들이 군사 및 전략적 쟁점들을 제대로 이해할 수 있게 되며, 이스 라엘 군이 제시하는 방안에 구속되지 않고 보다 포괄적인 측면에서 여러 대안을 분석하고 정책을 결정할 수 있을 것이라고 주장했다. 즉, 수상과 장관들이 단순히 최고사령부의 권고를 무조건 수용하는 수동적인 추인자(rubber stamp)가 되지 않고, 그들과 의미 있는 의견 교환을 행하도록 할 것이라고 판단했다.[7]

이하의 두 절은 6일 전쟁으로 가는 과정과 전쟁 기간 중의 역사 적 서술을 재검토한다. 상세한 분석에 따르면, 이스라엘 군에 대한 비판적인 시각은 설득력이 없다. 이스라엘 군이 주도권을 행사하고

5   Ami Gluska, "Tkoofat Ha'hamtana: Mikre Bokhan Le'yakhasei Ha'dragim" (The Waiting Period: A Case Study of Civil-Military Relations)[in Hebrew], *Civil-Military Relations in Israel in Times of Military Conflict*, ed. Ram Erez (Tel Aviv: INSS, 2006), p. 28.

6   Gluska, "The Waiting Period"; Shelah, *Dare to Win*, p. 251.

7   Shelah, *Dare to Win*?, pp. 254, 260~264; Ya'alon, "civil-military dialogue", p. 18.

정치 지도자들에게 복종하지 않았다는 주장은 경험적으로 취약하며, 오히려 정치적 고려사항이 군사 논리만큼 중요하게 고려되었거나 그 이상으로 정치적 논리에 따라서 군사적 결정이 변경되었다.

결론에서는 이전의 결과를 강화하는 이스라엘 역사의 추가적인 사례를 제시한다. 또한 국가안보위원회를 강화하여 정책입안자들이 군 최고사령부와 보다 의미 있는 대화를 진행할 수 있고, 대안적인 방책들 사이에서 더욱 현명한 선택을 할 수 있을 것이라는 얄론과 셸라의 주장에 의문을 제기할 것이다.

2 | 전쟁의 길

2.1 | 소련과 이집트의 행동

1967년 5월 15일, 이집트의 가말 압델 나세르(Gamal Abdel Nasser) 대통령은 이집트 군을 수에즈 운하 너머 시나이 반도에 전개했다.[8] 당시 소련은 이스라엘-시리아 국경에 이스라엘이 병력을 집결시키고 있다고 경고했고, 이에 이집트는 동맹국인 시리아를 지원하기 위해 이스라엘과의 국경선에 병력을 집결시켰다. 전쟁 직전인 1966년 11월 4일 이집트와 시리아는 동맹을 체결했고, 이집트는 심각하고 절박한 위험 상황에 처한 시리아를 도와야 하는 조약상 의무를 이행했다.[9]

---

8   Ahron Bregman, *Israel's Wars, 1947~1993*(New York: Routledge, 2000), p. 44.

9   Ephraim Kam, *Hussein Poteakh Be'milkhama: Milkhemet Sheshet Ha'yamim*

언뜻 보면, 나세르는 소련이 제공한 정보를 의심하지 않고 신뢰했다. 1966년 2월 시리아에서 군사 쿠데타로 권력을 쥔 살라 자디드(Salah Jadid)와 하페즈 알 아사드(Hafez al-Assad)의 바트당 정권은 이스라엘을 도발했다.[10] 당시 이스라엘의 주장에 따르면, 시리아의 신정권이 팔레스타인 해방기구(PLO) 세력을 지원하고 있으며, 이 때문에 팔레스타인 해방기구 조직이 이스라엘 정착촌을 공격하고, 하츠바니와 바니아스 강에서 갈릴리 해로 흐르는 이스라엘의 주요한 수원(水源)을 차단하려고 했다. 이스라엘-시리아 국경에서 사소한 무력충돌이 지속되는 가운데, 1967년 4월 7일 이스라엘 전투기가 시리아 미그기 6대를 격추하면서 긴장은 최고조에 다다랐다.[11]

그러나 이스라엘-시리아 국경 점검과 잠재적인 이스라엘 공격에 대응하기 위한 협의를 위해 시리아를 방문한 이집트 참모총장 무하메드 포지(Mohammed Fawzi) 장군은 이스라엘 군 병력의 집결에 대한 어떠한 흔적도 발견하지 못했다. 한 전직 소련 장교에 따르면, 1967년 당시 소련은 이스라엘과 아랍 국가들 사이의 전쟁을 유도하기 위해서 이집트에게 의도적으로 잘못된 정보를 제공했다. 소련은 이미 베

Be'eynei Ha'yardenim(Hussein Goes to War: Jordan in the 1967 War)[in Hebrew](Tel Aviv: Maarakhot, 1974), pp. 27, 39; Randolph S. Churchill, *The Six-Day War* [in Hebrew](Ramat Gan, Israel: Masada, 1967), p. 25.

10 Asher Susser, *Bein Yarden Le'falastin: Biographia Politit Shel Wasfi al-Tall (On Both Banks of the Jordan: A Political Biography of Wasfi al-Tall)*[in Hebrew](Tel Aviv: Ha'kibotz Ha'meookhad, 1984), p. 101.

11 Ephraim Kam, *Hussein Poteakh Be'milkhama: Milkhemet Sheshet Ha'yamim Be'eynei Ha'yardenim(Hussein Goes to War: Jordan in the 1967 War)*[in Hebrew](Tel Aviv: Maarakhot, 1974), p. 39.; Ahron Bregman, *Israel's Wars, 1947~1993*(New York, NY: Routledge, 2000), pp. 42~45.

트남 전쟁이라는 수렁에 빠진 미국이 중동에서도 또 다른 전쟁에 휘말리게 하기 위해서 그리고 이러한 전쟁을 통해 상대적으로 온건한 중동 국가인 요르단 및 사우디아라비아와 미국의 관계를 이간질하기 위한 음모를 꾸몄다.[12]

하지만 이집트는 물러서지 않았다. 이스라엘의 전쟁 준비가 잘못된 정보라는 사실을 파악했지만, 이집트의 나세르 대통령은 시나이 반도에서 병력을 철수시키는 대신, 5월 16일 이집트와 이스라엘 국경 근처에 주둔한 평화유지군 병력의 철수를 요구했고, 5월 23일 이스라엘과 홍해를 연결해주는 티란 해협을 봉쇄했다. 1950년대와 1960년대에 이스라엘은 끔찍한 경제 상황을 겪으면서 해상 운송 및 무역을 위한 해협 개방과 홍해를 통한 외국과의 무역이 필요했고, 1960년대 후반 이스라엘로의 이주민이 증가하면서 무역항의 필요성은 더욱 증가했다. 이미 1957년, 골다 메이어(Golda Meir) 이스라엘 외무장관은 유엔 총회에서 이스라엘이 해협을 통과할 자유로운 통행을 봉쇄하는 것은 이스라엘에 대한 공격 행위이며 "유엔 헌장 51항에 따라 자국 방어의 고유한 권리를 행사할 자격이 있다"고 연설했다.[13]

2.2 | 초강대국 외교

이스라엘 정부와 군은 이집트가 티란 해협을 봉쇄하자 이집트의

---

12   Bregman, *Israel's Wars, 1947~1993*.

13   Ibid., pp. 46~47; Devorah Hacohen, "Aliya Ve'klitta"(Immigration and Absorption)[in Hebrew], *Megamot Ba'khevra Ha'Israelit(Trends in the Israeli Society)*, Vol. 1, eds. Ephraim Yaar and Zeev Shavit(Tel Aviv: The Open University press, 2001), p. 393.

공격이 임박했다고 판단했다. 하지만 이집트의 공격 가능성에 어떻게 대응할 것인가를 둘러싸고 이스라엘 정치 지도자들과 군 지휘부 사이에는 격렬한 논쟁이 벌어졌다. 군 지휘부는 지체 없이 이집트를 선제공격해야 한다고 주장하면서, 이집트가 국경 근처로 계속해서 병력을 집결시키고 있다는 점을 강조했다. 반면, 민간 정부는 미국의 동의를 얻기 전에는 군사력을 사용하는 것을 꺼렸다.[14] 미국은 소련의 지원을 받고 있는 이집트가 이스라엘과의 전쟁에서 승리한다면 중동지역 내 친서방 국가가 몰락하고 제3세계에서의 미국 영향력이 감소할 가능성을 우려했고, 따라서 존슨(Lyndon B. Johnson) 대통령은 가능한 한 외교적인 접근을 통해 위기를 해소하려고 했다.[15] 이에 이스라엘은 미국과의 외교 협의를 위해 아바 에반(Abba Eban) 외무장관을 워싱턴에 파견했다.[16]

5월 25일 에반은 워싱턴에 도착한 후, 이스라엘 최고사령부로부터 이집트의 공격이 임박했다는 2건의 긴급 전문을 받았다.[17] 에반은 정보를 존슨 행정부와 공유했으나, 미국 분석가들은 시나이 반도에 배치해 있는 이집트 군대가 방어적 성격이라고 주장했다. 존슨 대통령은 예방 차원의 조치로서 유진 로스토(Eugene Rostow) 차관에게 무모한 움직임은 "가장 심각한 결과를 초래할 수 있음"을 이집트에

---

14 Gluska, "The Waiting Period", p. 28.

15 David Kimche and Dan Bavly, *Soofat Ha'esh: Milkhemet Sheshet Ha'yamim, Mekoroteyha Ve'otzoteyha(The Fire Storm: The Six-Day War, Its Sources and Consequences)*[in Hebrew](Tel Aviv: 'Am Ha'sefer, 1968), p. 117.

16 Gluska, "The Waiting Period", pp. 29~30.

17 Ibid.; Memorandum of Conversation, May 25, 1967, https://history.state.gov/historicaldocuments/frus1964-68v19/d64(accessed April 16, 2017).

경고하라고 지시했다.[18] 존슨은 또한 양 진영의 억제를 위한 노력에 합의한 알렉세이 코시킨(Alexei Kosygin) 소련 각료이사회 위원장에게 도 사태의 중대성을 알렸다.[19]

　　이집트 군 배치에 관한 미국의 판단은 오류였다. 이집트는 5월 27일 이스라엘을 공격하여 에일랏과 네게브를 점령하고 이집트와 요르단을 육로로 연결하기 위해 개전 준비를 마쳤고, 병력을 전개했 다. 하지만 공격 계획에 대해 소련이 반대했고, 모스크바로 파견된 이집트 국방장관 샴 엘딘 바드란(Shams el-Din Badran)은 소련 지도자 들을 설득하지 못했다. 코시긴(Alexei Kosygin)은 바드란에게 이집트가 선제공격할 경우 모스크바는 무기와 부품을 지원하지 않을 것이라고 경고했으며, 5월 27일 자정이 넘은 시간에 나세르 또한 카이로 주재 소련 대사를 통해 비슷한 메시지를 수령했다. 이 때문에 이집트 장군 들의 반대에도 불구하고, 나세르는 공격을 중지하고 기다리기로 결 정했다.[20]

　　한편 워싱턴에서 러스크(Dean Rusk) 국무장관과 존슨 대통령은 에반 외무장관에게 이스라엘의 선제공격을 반대한다는 입장을 전달

18　Telegram from the Department of State to the Embassy in the United Arab Republic, May 26, 1967, https://history.state.gov/historicaldocuments/frus 1964-68v19/d65(accessed April 16, 2017); Gluska, "The Waiting Period", p. 30.

19　Gluska, "The Waiting Period"; Letter from Premier Kosygin to President Johnson, May 27, 1967, https://history.state.gov/historicaldocuments/frus 1964-68v19/d84(accessed April 16, 2012), pp. 67~69; Bregman, *Israel's Wars, 1947~1993*, p. 54.

20　Laura M. James, "Egypt: Dangerous Illusions", *The 1967 Arab-Israeli War: Origins and Consequences*, eds., Roger Louis and Avi Shlaim(Cambridge: Cambridge University Press, 2012), pp. 67~69; Bregman, *Israel's Wars, 1947~ 1993*, p. 54.

제1부 민군관계와 군사력

했다. 또한 5월 28일, 대통령은 에슈콜 총리에게 소련이 이집트를 억제하고 위기에 대한 외교적 해결책을 찾는 데 전념하고 있다는 내용의 긴급 전보를 보냈다. 존슨은 이스라엘이 선제타격을 가할 경우 소련은 공격당한 국가를 원조할 것이라고 경고하면서, 이스라엘이 "선제공격을 해서는 안 되며, 따라서 적대적 행위의 개시는 반드시 스스로 책임을 저야 할 것"이라고 강조했다.[21] 러스크 장관은 전문을 통해 "이스라엘 측의 일방적 행동은 무책임하고 파국적인 것"이라고 경고했다.[22]

2.3 | 정치 및 군사 명령의 충돌

미국이 외교적인 해결책을 모색하는 가운데, 5월 28일 에슈콜 정부는 이집트에 대한 이스라엘의 선제공격을 3주간 보류하기로 결정했고, 각료 회의에서 이러한 결정은 17대 1의 압도적인 결과로 승인되었다.[23] 내각 회의를 마친 후, 에슈콜 총리는 라디오 연설을 통해 위기를 끝내려는 모든 가능한 외교적 노력을 지속할 것임을 대중에게 알렸다. 에슈콜은 존슨이 보낸 전보의 내용을 국민들과 공유하지 않았으며, 그의 더듬거리는 목소리를 들은 대중들은 이집트의 계속된 군사력 증강에 대한 두려움이 더욱 커질 뿐이었다.[24]

---

21 Telegram from the Department of State to the Embassy in Israel, May 27, 1967, https://history.state.gov/historicaldocuments/frus1964-68v19/d86(accessed April 16, 2017).

22 Ibid.

23 Gluska, "The Waiting Period", pp. 30~31.

24 Ibid.

연설 직후, 에슈콜은 군 지휘부와 면담하여 라디오 연설을 통해 발표했던 군사력 사용 자제 결정을 통보했다. 다비드 엘라자르(David Elazar) 북부 사령관과 아리엘 샤론 38사단 사령관, 마티 펠레드(Mati Peled) 병참 사령관은 정부의 결정을 매우 노골적으로 비판했다. 엘라자르는 비록 "군은 반드시 정부에 복종해야 한다"고 하더라도, 총리가 군이 반드시 선제공격해야 한다는 주장의 "결정적 근거"를 고려해 달라고 주장했다. 엘라자르는 "적들이 선제공격으로 절대적 제공권을 장악한다면, 군은 승리하지 못할 것이다. 만일 승리하게 되더라도 치명적인 손실을 입게 될 것이다"라고 경고했다. 샤론은 이스라엘 정부가 적을 억지할 스스로의 능력을 손상시켰다면서 선제공격을 하지 말라는 존슨의 결정에 따르는 것은 나약함의 증거일 뿐이라고 비난했다. 펠레드는 "모든 예비군을 장기간 동원하는 경우에, 이스라엘은 경제적으로 타격을 입는다"고 결론지었다. 에슈콜은 장군의 비판에 대해 효과적인 억지력은 위기의 평화적인 해결책을 찾기 위한 모든 외교적인 수단을 활용하고 참을성 있게 기다리는 능력을 의미한다고 설명했다.[25]

이튿날인 5월 29일, 군 최고사령부 회의에서 에제르 바이츠만 (Ezer Weizman) 작전 사령관은 "군의 총 참모들이 정부가 조치를 취하도록 압력을 가해야 한다"고 동료 장군들에게 발언했다.[26] 6월 1일,

25 Arye Naor, "Civil-Military Relations and Strategic Goal Setting in the Six Day War", *Communicating Security: Civil-Military Relations in Israel*, ed. Udi Lebel(New York: Routledge, 2008), p. 38.

26 Ami Gluska, *Eshkol, Give the Order!: Israel's Army Command and Political Leadership on the Road to the Six Day War, 1963~1967*[in Hebrew](Tel Aviv: Ministry of Defense, 2016), p. 336.

바이츠만은 에슈콜의 개인 사무실에서 눈물 흘리고, 소리 지르며, "국가가 파괴되었다. 모든 것이 망가졌다! 에슈콜, 제발 명령을 내리고 군이 전쟁에서 싸우고 승리하게 하라"라고 설득했다.[27] 샤론이 정부의 동의 없는 군사행동의 선택을 제기한 것은 그즈음이었다. 분명히, 국경 근처에서 이집트의 군사력 증강이 지속되고 있었음에도 불구하고, 라빈 합참의장과 다른 최고사령부의 멤버들은 샤론과 같은 해결 방식을 거부하고 정부의 지시를 준수했다.[28]

하지만 이스라엘 군 최고사령부는 이집트를 공격하라는 명령을 내리도록 정부를 계속 설득했다. 이와 관련하여, 라빈은 이스라엘 군 정보부에 2~3주 동안 이스라엘이 공격을 중단하는 경우에 야기될 문제점에 대한 분석 보고서를 정부에 제출하라고 지시했다. 이 보고서는 이집트 군대가 계속해서 국경 쪽으로 이동하고 있을 뿐만 아니라 모든 경고 신호가 이집트 공군의 선제공격이 임박했음을 가리키고 있다는 사실에 집중했다. 또한 요르단이 이집트와 연합할 가능성과 이라크 군대가 요르단에 진입할 가능성이 높아지고 있다고 보고했다. 심지어 위기가 계속된다면, 티란 해협을 열고 무력충돌 시 이스라엘을 지원할 것이라는 미국의 약속이 오히려 약화될 것이라는 평가는 정치 지도자들에게 사태의 심각성을 보여주었다.[29]

---

27   Naor, "Civil-Military Relations and Strategic Goal Setting in the Six Day War", p. 40.

28   Gluska, "The Waiting Period", p. 28; Gluska, *Eshkol, Give the Order!*, p. 369.

29   Gluska, *Eshkol, Give the Order!* , pp. 336~338.

2.4 | 참가국의 변화가 불러온 분위기의 변화

이스라엘 군 정보부가 5월 말에 경고했던 비상사태는 6월 초 현실로 바뀌었다. 이집트의 나세르가 티란 해협을 봉쇄하자, 아랍 대중을 휩쓸었던 민족주의 물결은 요르단을 집어삼켰다. 5월 30일 요르단의 후세인(Hussein) 국왕은 이집트를 방문하여 상호 방위 조약에 서명했고, 새로운 동맹 조약에 의거하여 무하마드 압둘 알 무밈 리야드(Muhammad Abh al-Munim Riyad) 이집트 군 총사령관이 요르단 군에 대한 지휘권을 인수했다. 6월 1일, 이집트의 2개 특공 대대와 1개 팔레스타인 해방기구 대대가 리야드 장군과 함께 요르단으로 진입했다. 이틀 후 요르단은 이라크와의 방위 조약에 서명했고, 이라크 4개 여단은 리야드의 지휘에 놓인 요르단 군에 합류하기 위해 이라크-요르단 국경을 넘었다.[30]

티란 해협에서 자유로운 통항을 보증한다는 미국의 의지는 그다지 강하지 않았고, 이 부분을 경고했던 이스라엘 군사 정보부의 판단은 정확했다. 5월 31일 이스라엘의 모사드 국장, 메이어 아미트(Meir Amit)는 워싱턴에 도착해 로버트 맥나마라 국방장관과 리처드 헬름스(Richard Helms) 중앙정보국 국장과 협의하는 과정에서 미국이 이집트의 해협 봉쇄를 깨뜨리기 위한 아무런 구체적인 조치도 준비하지 않았음을 알게 되었다.[31] 또한 아미트는 아서 골드버그(Arthur Goldberg) 유엔 주재 미국 대사가 에반 외무장관에게 "의회가 반대하기 때문에 이스라엘을 군사적으로 도울 수 없다"고 발언했다는 사실 또한 인지

---

30   Kam, *Hussein Goes to War*, pp. 15, 56~57.
31   Gluska, *Eshkol, Give the Order!*, p.387.

했다.[32] 즉, 당시 미국은 이미 베트남 전쟁을 수행하는 상황에서, 중동에서 또 다른 문제에 휘말리고 싶지 않았으며 소련과의 긴장 고조를 피하려고 시도했다.[33]

미국은 외교적 방법으로 위기를 해소하려 했고 군사력 사용에 소극적이었지만, 이집트와 요르단 간의 동맹이 체결되면서 월트 로스토(Walt Rostow) 국가안보보좌관은 외교적 방법으로 위기를 해소할 수 없다고 판단했다.[34] 5월 31일 미국 국가안전보장이사회(NSC) 보고서에서 해럴드 손더스(Harold Saunders)는 미국이 처한 상황이 "유쾌하지는 않으며(invidious)" 지금까지 논의된 외교적 해결책 대신 다른 방안을 고려해야 한다고 주장했다. 그 보고서의 주요 내용은 다음과 같다. 첫째, 이집트는 미국의 경고를 무시하고 아무런 조치를 취하고 있지 않으며, 대부분의 국가들은 티란 해협의 봉쇄를 풀기 위한 미국의 노력에 별로 호응하지 않고 있다. 조약에 가입하기를 꺼려하고 있다. 둘째, 현재 미국 의회는 티란 해협의 봉쇄를 풀기 위한 미국의 군사행동을 승인하지 않을 것이며, 설사 군사행동이 승인된다 해도 미국이 군사적으로 개입하며 아랍 국가들과의 관계는 더욱 소원해질 것이다. 셋째, 이집트는 전쟁 준비를 위해 이스라엘 국경 근처의 군대를 지속적으로 확대하고 있고, 이 때문에 조만간 "소련은 홍해에 해군력을 배치"할 것이며 문제는 더욱 복잡해질 것이다.[35] 즉, 이 보

32   William B. Quandt, "Lyndon Johnson and the June 1967 War: What Color Was the Light?", *Middle East Journal*, 46:2(spring 1992), p.218(footnote 53).

33   Kimche and Bavly, *The Fire Storm*, p. 46.

34   Quandt, "Lyndon Johnson and the June 1967 War", pp. 217, 218(footnote 53).

35   Memorandum by Harold Saunders of the National Security Council Staff to the President's Special Assistant(Rostow), May 31, 1967, https://history.state.

고서는 외교적 방법으로 위기를 해소하는 것은 이미 실패했고, 미국이 "직접 중동 국가들을 공격하지 않을 것이라면" 이스라엘의 군사행동에 동의해야 한다고 결론지었다.[36]

존슨 대통령이 국가안보보좌관과 NSC의 조언에 어느 정도 영향을 받았는지는 확실하지 않지만, 이스라엘에 대한 미국의 메시지 내용은 변화하기 시작했다. 5월 31일 맥나마라 장관과 헬름스 국장은 아미트 모사드 국장과의 회담에서, 미국은 이스라엘 정부의 군사작전에 반대하지 않을 것이라고 강조했다. 6월 1일 주미 정무공사 에브라임 에브론(Ephraim Evron)은 존슨 대통령의 절친한 친구이자 대법관인 에이브 포터스(Abe Fortas)와 면담하여, 미국의 입장이 변화하고 있다는 사실을 파악했고 이를 에반 외무장관에게 보고했다. 이 담화는 다음의 메시지를 포함하고 있었다. "에슈콜과 에반은 미국이 무력 사용 이상의 다른 선택지들을 탐색할 수 있는 기회를 제공함으로써 이스라엘에 큰 도움을 주었다. 만일 그렇지 않았다면, 대통령의 동정을 확보하기 어려웠을 것이다."[37] 즉, 미국은 직설적이지 않은 방식으로 자신의 정책 변화를 이스라엘에게 통보했고, 에반은 포터스의 메시지를 통해 사실상 군사적 작전에 대해 미국이 동의했다는 사실을 파악했다.[38]

다음날, 존슨 대통령과 의견을 조율한 다음, 포터스는 아브라함 하만(Avraham Harman) 미국 주재 이스라엘 대사에게 이스라엘 선제공격에 대한 러스크 장관의 경고를 무시하라고 권고했다. "러스크는 이

---

gov/historicaldocuments/frus1964-68v19/d114(accessed May 5, 2017).

36   Ibid.

37   Quandt, "Lyndon Johnson and the June 1967 War", pp. 218~219.

38   Ibid.

스라엘이 불타는 동안에도 무관심할 것이다. 만일 스스로 구할 수 있다면, 그렇게 하라!"[39] 6월 3일, 에브론 장관은 러스크, 로스토와 함께 맥나마라 국방장관을 만났다. 이들 중 그 누구도 이스라엘의 전쟁 발발을 경고하지 않았다. 더욱이, 에브론에게서 필요한 군용품 목록을 건네받은 맥나마라는 미국의 무기가 결코 제때 이스라엘에 도착할 수 없다는 점을 지적하면서, 전쟁이 임박했다는 것을 암시했다.[40]

그러나 공식적으로 이스라엘은 선제공격에 대한 지지를 얻지 못했으며, 미 국무부는 여전히 이스라엘에게 선제공격을 하지 말라고 경고했다.[41] 미국 외교가 위기를 해결하지 못했지만, 만일 이스라엘이 선제공격하고 계속되는 전쟁에서 미국이 지원한다면, 중동 지역에서 미국의 이미지는 더욱 손상될 것이라고 우려했다. 이와 관련하여, 미국 전문가들은 시나이 반도에서 이집트가 지속적으로 군사력을 증강하고 있는 사실과 이집트-요르단 방위 조약에 대한 이스라엘의 두려움에 공감하지 않았다. 6월 3일 미국 NSC는 전쟁이 한 주 더 지연되고 이집트가 먼저 이스라엘을 공격한다고 해도, 이스라엘은 여전히 9~14일 이내에 아랍군을 격파할 수 있으며 그 과정에서 희생이 조금 커질 것이라고 평가했다.[42]

---

39   Ibid., 221.

40   Ibid. 220(footnote 63).

41   Gluska, *Eshkol, Give the Order!*, p.387.

42   Memorandum from Robert N. Ginsburgh of the National Security Council Staff to the President's Special Assistant(Rostow), June 3, 1967, https://history.state.gov/historicaldocuments/frus1964-68v19/d142(accessed May 8, 2017).

2.5 | 곤혹스러운 미국의 모호성

에브론 공사와 월트 로스토는 6월 2일에 만나 미국의 메시지가 가지는 모호성을 걷어내고 이스라엘의 군사력 사용에 대한 미국의 입장을 보다 명확하게 만들기 위해 노력했다. 에브론은 로스토에게 이스라엘 정부의 공식적인 개전 의향을 전달하지는 않았지만, 만일 이스라엘 선박이 티란 해협을 항해하여 이집트의 사격을 받는다면 미국은 어떻게 반응할 것인지를 물었다. 비록 에브론이 공식 메시지를 전달하지는 않았다고 하더라도, 그가 에반 외무장관의 승인 없이 질문을 했을 개연성은 낮다.[43]

국무부는 이스라엘 선박을 티란 해협으로 보내려는 에브론의 제안을 외관상 찬성했다. 6월 3일 유진 로스토(Eugene Rostow) 국무차관은 에브론에게 전화를 걸어 이스라엘 선박이 항해를 했는지 여부를 물었다.[44] 같은 날, 존슨 대통령은 5월 28일에 이어 두 번째 전문을 통해 이스라엘이 선제공격을 해서는 안 된다는 내용을 되풀이했다. 존슨 대통령은 미국이 외교적 방법으로 위기를 해소하려고 한다고 강조하면서, 미 행정부가 "아미트(이스라엘 모사드 국장)와 충분히 서로의 견해를 교환했다"고 강조했다.[45]

존슨의 전보는 6월 4일 아침에서야 에슈콜의 책상에 도착할 것

---

43 Quandt, "Lyndon Johnson and the June 1967 War", p. 219~220; Gluska, *Eshkol, Give the Order!*, pp. 381~382.

44 Gluska, *Eshkol, Give the Order!*, pp. 387~388.

45 Letter from President Johnson to Prime Minister Eshkol, June 3, 1967, https://history.state.gov/historicaldocuments/frus1964-68v19/d139(accessed May 15, 2017).

제1부 민군관계와 군사력

이었지만, 6월 3일 늦은 밤에 아미트 국장과 하만 대사는 이스라엘에 도착한 직후 에슈콜의 총리 공관에서 열린 각료 회의에 바로 참석했다. 워싱턴에서의 면담에 기초하여, 아미트는 미 행정부가 모든 외교적인 방법을 전부 소진할 수 있도록 개전의 원인이 될 티란 해협으로의 이스라엘 선박 항해를 한 주 정도 더 기다려야 한다고 내각에 권고했다. 하만 대사는 아미트 모사드 국장의 주장에 전적으로 동의했다.[46]

퇴역 장성으로 정치적으로는 적대관계에 놓여 있던 모세 다얀 국방부 장관과 이갈 알론(Yigal Allon) 노동부 장관 모두 아미트와 하만의 권고에 강력히 반대했다.[47] 6월 1일 거국내각이 출범하면서, 다얀이 입각했고 며칠 전까지 에슈콜 총리가 겸임하고 있었던 국방장관 직위를 인수했다. 에슈콜은 국방장관직을 사임하고 자신의 친한 친구인 알론을 후임 국방장관으로 임명하려고 했지만, 거국내각의 파트너들은 1956년 수에즈 운하를 둘러싼 2차 중동전쟁의 영웅이자 풍부한 군사 경험과 전략적 통찰력의 소유자인 다얀을 국방장관으로 임명할 것을 요구했고, 결국 실현되었다.[48]

다얀은 이스라엘 선박이 티란 해협을 항해한다면 이집트의 즉각적인 타격을 촉발할 것이며, 만일 이집트가 먼저 공격한다면 이스라엘은 전쟁에서 패할 것이라고 생각했다. 다얀은 미국이 더 많은 시간을 외교적인 노력에 기울일수록 이집트의 선제공격 가능성은 증가하며, 이스라엘이 이집트의 손에서 놀아나게 될 것이라고 확신했다. 내

---

46   Gluska, *Eshkol, Give the Order!*, p. 389.

47   Ibid., pp. 389~390.

48   Shmuel Segev, *Red Sheet: The Six-Day War*[in Hebrew](Tel Aviv: Tversky, 1967), pp. 65~76.

각 회의에 참석한 라빈 합참의장은 계속된 아랍 국가의 병력 강화에 대해 보고하면서, 요르단에 배치된 이집트 특수부대 2개 대대와 이라크 군 1개 사단의 중요성을 강조했다. 그 시점에서 다얀은 만일 아랍이 선제공격한다면, 이스라엘의 가장 남쪽 도시 에일랏은 신속히 점령당할 위험에 처해 있으며, 이러한 상황에서 이스라엘이 선제공격을 하지 않으면 수천 명의 사망자가 추가로 발생할 것이라고 경고했다.[49]

미국 전문가들은 이스라엘이 아랍의 적들을 물리칠 능력에 대해, 심지어 전쟁이 상당히 지체되거나 아랍 국가들이 선제공격을 감행했을 경우조차 낙관적으로 평가했다. 하지만 1967년 6월 초 당시 이스라엘과 이웃 국가 간의 군사력 균형은 이스라엘에 불리했고, 이 때문에 비관론을 견지했던 다얀의 판단이 정확했을 가능성을 보여준다. 6일 전쟁 직전, 아랍 국가들의 군사력은 기갑 전력에서 이스라엘의 두 배(기갑 여단 숫자에서 18개 여단 대 10개 여단과 2500여 대 탱크 대 1300여 대 탱크), 그리고 공수부대와 보병전력에서는 다섯 배(여단급 부대의 숫자에서 53 대 9) 이상의 압도적인 우위를 점했다. 공군력에서도, 아랍 국가들은 557대의 전투기를 보유했기 때문에, 247대의 전투기를 보유한 이스라엘에 비해 정량적으로 절대적 우위를 유지하고 있었다.[50]

다얀 국방장관과 알론 노동장관의 영향으로 에슈콜은 입장을 번

---

49 Mordechai Bar-On, *Moshe Dayan: A Biography 1915~1981* [in Hebrew](Tel Aviv: Am Oved Publishers, 2014), p. 222; Gluska, *Eshkol, Give the Order!*, pp. 389~390.

50 Memorandum from Robert N. Ginsburgh of the National Security Council Staff to the President's Special Assistant(Rostow), June 3, 1967; Bregman, *Israel's Wars, 1947~1993*, pp. 49~50.

복하여 이집트와 시리아에 대한 선제공격을 승인했다. 몇 시간 후인 6월 4일 아침 다얀은 정기적인 주간 회의를 소집한 이스라엘 정부 앞에 군사상황의 심각성을 보고했다. 다얀은 선제공격을 주장하면서, 만약 정부가 선제공격을 승인하지 않는다면 엘리얏뿐만 아니라 예루살렘 또한 위험하며 동시에 독립 국가로의 이스라엘의 존재 자체가 위협받는다고 경고했다. 결국 이 회의에서 내각 구성원들의 대부분은 에슈콜과 다얀의 개전 주장에 동의했고, 정부는 이스라엘 군의 선제공격을 명령했다. 존슨의 전보는 회의 당시 에슈콜에게 도착했지만, 사건의 진행 과정에는 영향을 미치지 않았다.[51] 6월 5일 새벽, 이스라엘은 이집트의 공군 기지에 선제공격을 가했다. 6일 전쟁의 시작이었다.

3 │ 전쟁 중 이스라엘의 군사 전략

6월 4일 이스라엘이 선제공격을 결정하자 새로운 질문이 등장했다. 과연 이스라엘 군은 어떠한 군사전략을 추구해야 하는가? 전쟁 직전, 이스라엘 군 장성들은 자신들의 견해를 매우 적극적으로 표현했다. 하지만 일단 전쟁이 시작된 다음에 이스라엘 장군들이 주도권을 행사했다는 주장은 경험적인 오류이다. 여러 기록에 따르면 다얀 국방장관과 다른 민간인 출신 각료들이 이스라엘 군의 전략을 구상하고 전장에서의 움직임을 결정하는 데 주도권을 행사했고, 중요한 모든 결정은 에슈콜 총리의 승인을 통해서 이루어졌다. 장군들은 작

---

51   Gluska, *Eshkol, Give the Order!*, pp. 390~393.

전 계획과 개별 사령부의 이익에만 집중하려고 했지만, 다얀은 이스라엘 지휘관들과 대립하면서 군사적 고려사항뿐 아니라 정치적 고려사항에 따라 결정된 전략적인 구상을 제시하고 이에 따라 전쟁 상황을 통제했다. 무엇보다 중요한 것은, 견해의 차이에도 불구하고, 이스라엘 군 지휘관들은 내각과 다얀의 전략과 명령을 따랐다는 것이다.

전쟁이 시작된 후, 다얀은 시나이 반도에 있는 이집트 군대를 격파하기 위해 이스라엘 병력을 남부 전선에 집중시키려고 했다. 따라서, 이스라엘 공군이 이집트에 선제공격을 가한 직후, 이스라엘은 요르단 국왕 후세인에게 메시지를 보내서 요르단이 전쟁에 개입하지 말 것을 탄원했고, 이스라엘-요르단 국경을 조용하고 평화롭게 유지하려는 의도를 거듭 표명했다. 다얀은 전쟁 직전 군의 중부 사령부에게 요르단 장갑 부대가 요르단 강의 동쪽 지역에 남아 있는 한 공격적인 움직임으로 해석될 수 있는 어떠한 계획도 삼가라고 명령했다. 요르단 군부가 이집트 장교에 의해 지휘되고, 이집트와 이라크 대대가 이미 요르단에 배치되었다는 점을 고려하면 요르단이 전투에 참여하지 않을 개연성은 지극히 낮아보였다. 그렇지만 이스라엘 내각은 동부 전선에서 요르단과의 개전을 피하기 위해 모든 노력을 다했다.[52]

또한 다얀은 전쟁 직전, 이스라엘 북부 지역의 정착촌과 군 병력을 위협한 골란 고원 지역의 시리아 주둔 부대뿐만 아니라 요르단 강 지류 부근의 베니아스 유역을 함락시키기 위한 엘라자르 장군의 제안을 거부했다. 다얀은 시리아 폭격을 준비하고 군대 주도권을 행사하려는 엘라자르에게 경고하면서, 시리아 군대가 이스라엘을 침공하려고 시도하지 않는 한 이스라엘과 시리아 사이의 국경을 넘지 말라

---

52   Bar-On, *Moshe Dayan*, pp. 221~222, 228, 232.

제1부 민군관계와 군사력

고 명령했다. 다른 전선에서 전쟁을 피하고자 하는 의도와는 별도로, 다얀은 시리아 바트당 정권이 급진 좌파정권으로 소련과 매우 친밀한 관계를 유지하고 있다는 사실에 주목하여 이스라엘의 시리아 공격에 따를 소련의 가혹한 대응을 두려워했다. 6월 6일 요르단이 전쟁에 동참한 지 하루 만에 다얀은 북부 지휘부에게 시리아에 대한 전선을 확대하지 말라는 기존 명령을 재차 하달했다.[53]

3.1 ┃ 요르단 전선

거국내각이 확대되면서, 소수파 우익당의 지도자인 메나켐 베긴(Menachem Begin) 등은 무임소 장관으로 입각했고 중부 사령부와 함께 요르단에 대한 공격을 요구하면서 다얀과 군 최고사령부를 압박했다. 다얀은 6월 6일 오후 각료 회의에서 궁극적으로 이스라엘이 요르단 강 서안지구(West Bank)를 점령하고 요르단 강 지역까지 진격할 수 있다고 인정했지만, 초기 단계에서는 중부 전선을 확대해서는 안 되며, 요르단과 전쟁을 수행해서는 안 된다고 강조했다. 며칠 전에는 다얀, 에슈콜 및 라빈 합참의장은 시나이 반도에서 이집트에 대한 군사작전이 최우선이며, 요르단과 대적하는 동부 전선은 우선순위가 높지 않다는 원칙에 합의했다. 그 결과 다얀은 중부 사령부의 행동을 제한했고, 제닌과 그 주변 지역을 장악하고 라트룬의 언덕 꼭대기 십자군 성을 점령하며 북부 이스라엘의 비행장에 대한 요르단의 포격을 막고 예루살렘과 텔아비브 사이의 교통로를 확보하는 것 등에만 집중하라고 명령했다. 다얀은 또한 스코푸스 산의 이스라엘 영토와

---

53   Ibid.; Bregman, *Israel's Wars, 1947~1993*, p. 57.

예루살렘 북부 지역을 점령하라고 명령했다.[54]

그러나 다얀은 예루살렘의 구시가지 전체를 점령하자는 우지 나키스(Uzi Narkiss) 장군의 요청을 거절하고 군에게 폭격을 자제하도록 명령했다. 다얀은 일단 구시가지를 포위하여 해당 지역에서 요르단 군에게 후퇴를 강요하고 많은 희생이 따르는 시가전을 피하려고 시도했다. 무엇보다도 다얀은 예루살렘에서 인명 피해와 파괴가 발생하는 것을 원치 않았다. 예루살렘에 관한 다얀의 명령이 효력을 발휘하려면, 에슈콜 총리의 명시적인 승인이 필요했으며, 에슈콜은 이러한 다얀 국방장관의 견해를 지지했다. 당시 베긴, 알론뿐만 아니라 종교 정당 출신의 각료들은 예루살렘을 즉시 점령할 것을 요구했지만, 에슈콜 총리는 예루살렘을 점령하기보다는 포위하고 요르단 군의 탈출을 방관하겠다는 다얀의 입장을 승인했다. 극우 정당의 지도자였던 베긴은 이스라엘 군이 당장 예루살렘을 점령하지 않는다면 국제적 압력 때문에 예루살렘을 점령할 기회를 상실한다고 경고했지만, 다얀은 만일 군을 이용하여 구시가지를 점령할 경우, 이스라엘 군의 철수를 요구할 거대한 국제적 압력이 촉발될 것이라고 판단했다. 6월 6일 저녁 회의가 끝날 무렵, 내각은 당분간 구시가지를 정복하지 않기로 결정했으나, 다얀에게는 정치적 상황이 변화하여 군사 행동이 요구되는 경우에는 지체 없이 이스라엘 군에게 예루살렘 점령을 명령할 권한을 부여했다.[55]

---

54   Bar-On, *Moshe Dayan*, pp. 228~229, 231~232.

55   Ibid.; The Protocol of the Israeli Cabinet Meeting of June 6, 1967(declassified) [in Hebrew], *Israel's State Archives*, pp. 13~14, 25, 27, 30, 35, 39, 40, 43, 45, http://www.archives.gov.il/archives/#/Archive/0b0717068031be32/File/0b 0717068526a92b/Item/090717068526a9a3(accessed May 21, 2017).

제1부 민군관계와 군사력

내각이 회담을 마친 지 몇 시간 후인 6월 6일 자정 무렵, UN 안전보장이사회는 이스라엘과 아랍 국가들에게 휴전을 촉구하는 결의안을 통과시켰다. BBC 라디오 방송을 통해 소식을 접한 메나켐 베긴은 휴전이 발효되면 어떠한 병력 이동도 금지된다는 문구에 당황했다. 예루살렘 점령 가능성을 상실했다는 우려 때문에, 베긴은 무임소 장관의 권한으로 국방장관 다얀에게 예루살렘 점령을 설득했다. 예루살렘이 포위된 상황에서 요르단의 후세인 국왕은 철수를 단행하기보다는 끝까지 항전할 것을 명령했고, 결국 이스라엘은 예루살렘 점령 작전을 시작했다. UN 안보리 결의안 때문에 이스라엘이 행동할 여지가 줄어들었다고 판단한 다얀은 휴전이 시작되기 전에 예루살렘 구시가지를 점령해야 한다는 베긴의 생각에 동의했다. 따라서 다얀은 베긴이 에슈콜을 설득하여 예루살렘 구시가지 점령을 설득할 것을 제안했다. 베긴은 지체 없이 총리에게 전화하여 다얀 국방장관과 알론 노동장관과 함께 그의 사무실에서 작전 계획을 검토하고 총리의 동의를 확보했다. 6월 7일 이른 아침, 다얀은 중부 사령부에 예루살렘 전체를 점령할 것을 명령하고 특히 구시가지에 대한 침공을 명령했다.[56]

6월 7일 저녁, 이스라엘은 예루살렘 전체를 점령했고, 그 직후 이스라엘 정부는 UN 안보리의 휴전안을 수용했으며 아랍 국가들도 휴전안에 동의했다. 또한 이스라엘은 중부 사령부 병력을 동원하여 요르단 강 유역과 무엇보다 요르단 강 서안지구를 점령할 것을 지시했다. 전투 와중에, 일부 이스라엘 탱크는 요르단 강 동쪽 지역까지

---

56 Arieh Yitzhaki, "Shikhroor Yerooshalayim Be'milkhemet Sheshet Ha'yamim" (The Liberation of Jerusalem in the Six-Day War)[in Hebrew], *Yerooshalayim Ke'ir She'khoobra La Yakhdav, Vol. 44~45*(Jerusalem as a Reunited City), ed., Eli Schiller(Jerusalem: Ariel, 1986), p. 36.

침공했지만, 다얀은 해당 병력을 즉시 철수시켰으며 요르단 강 서안 지구 이상으로는 침공하지 않도록 지시했다. 6월 8일 오후 중부 사령부는 임무를 완수했고, 그 결과 전투가 종결되었다.[57]

3.2ᛁ 이집트 전선

이스라엘이 대부분의 병력을 집중 배치한 서부 전선에서 이집트와 이스라엘 군대 간의 전투는 격렬했으며, 동시에 이스라엘 군사전력을 둘러싼 정치 지도자들과 군사 지도자들의 논쟁 또한 격렬했다. 5월 말 이스라엘 최고사령부는 이집트의 방어 능력은 막강하기 때문에, UN 안보리가 개입하기 이전에 이스라엘이 샤름 엘-셰이크(Sharm el-Sheike)를 점령하지는 못할 것이라고 판단했다. 따라서 알론 노동부 장관의 지원을 받은 이스라엘 군 최고사령부는 시나이 반도 중앙부를 돌파하는 데 집중하여 가능한 한 신속하게 수에즈 운하 유역으로 나아갈 것을 제안했다. 또한 최고사령부와 알론 장관은 가자 지구와 수에즈 운하 인근 지역을 점령하는 경우 이집트가 티란 해협에서의 자유 통항에 동의하도록 강요할 수 있다고 보았다.[58]

그러나 다얀은 국방장관으로 취임하면서, 알론이 요청하고 에슈콜에 의해 승인된 시나이 반도 중앙부 돌파 작전을 유보시켰다. 다얀

---

57 The Protocol of the Israeli Cabinet Meeting of June 7, 1967(declassified)[in Hebrew], *Israel's State Archives*, p. 38, http://www.archives.gov.il/archives/#/Archive/0b0717068031be32/File/0b0717068526a92b/Item/090717068526a 9a4(accessed May 24, 2017); Bar-On, *Moshe Dayan*, pp. 234~236.

58 Bar-On, *Moshe Dayan*, pp. 220~221; Bregman, *Israel's Wars, 1947~1993*, pp. 50, 53.

제1부 민군관계와 군사력

은 수에즈 운하를 위협한다면, 운하의 운명에 막대한 관심을 가지고 있는 유럽 국가들과 대립할 것이라고 판단했다. 또한 가자 지구(Gaza Strip)의 중요성을 낮게 평가하면서 해당 지역을 점령하는 데 많은 희생이 따를 것이며, 엄청난 피난민이 발생할 것이고, 일단 시나이 반도를 점령한다면 가자 지구는 바로 항복할 것이라고 보았다. 따라서 다얀은 이스라엘 군이 가자 지구에 진입하여 수에즈 운하 유역에 도달하는 것을 금지했다. 그 대신 이스라엘 군 주력이 시나이 반도의 중앙을 돌파하여 수에즈 운하 지역으로 진격한다고 해도, 병력의 상당 부분은 샤름 엘-셰이크 방향인 남쪽으로 진격해야 한다고 명령했다.[59]

전쟁이 시작된 후, 상황이 변화하면서 다얀은 가자 지구와 수에즈 운하에 관한 명령을 재고하고 변경해야 했다. 6월 5일 이스라엘이 선제공격을 시작하자 가자 지구의 이집트와 팔레스타인인들은 이스라엘 정착촌 주변을 포격하기 시작했다. 이 때문에 남부 사령관인 예샤야후 가비쉬(Yeshayahu Gavish) 장군과 라빈 합참의장은 가자 지구의 포병 전력을 무력화시키는 작전을 시작했다. 이스라엘 병력이 가자 도시가 내려다보이는 전략적으로 유리한 지점인 알리 문 타르 지역으로 진격하고 있는 상황에서, 다얀은 해당 작전을 멈추지 않고 추인했다. 다얀이 예상한 대로, 가자 지구에 진출한 기계화 보병 여단은 거센 저항에 직면했으며, 이스라엘은 엘리트 부대인 공수부대까지 투입해야 했다. 그럼에도 불구하고, 6월 6일 아침 일찍 다얀은 라빈에게 "가자 정복을 완료하라"고 명령했다.[60] 이튿날 가자 지구는

---

59   Ibid.; Michael B. Oren, *Six Days of War: June 1967 and the Making of the Modern Middle East*(New York: Oxford University Press, 2002), p. 152.

60   Oren, *Six Days of War*, p. 202, 213~214; Bregman, *Israel's Wars, 1947~1993*, p. 56; Bar-On, *Moshe Dayan*, p. 229.

이스라엘의 손으로 넘어갔고, 당시 팔레스타인 주민 수는 25만 명이었으며, 이들은 다얀이 처음부터 지구 점령을 단념하게 하는 잠재적인 어려움의 원천이었다.[61]

한편 6월 7일 이스라엘 기갑 부대는 수에즈 운하 근처에 다다랐으며, 이스라엘 해군은 낙하산 부대의 도움으로 이집트 병력이 철수한 샤름 엘-셰이크를 무혈점령했다. 이틀 후, 이집트 군은 이스라엘 군을 시나이 반도 중앙부로 격퇴하려고 시도했지만, 반격은 실패했고 상황은 더욱 절망적으로 악화되었다. 이 과정에서 6월 7일 다얀은 라빈 합참의장에게 수에즈 운하에서 적어도 7킬로미터의 거리를 유지하라고 명령했으나, 이집트의 반격이 시작된 후에는 이스라엘이 운하의 동쪽 제방을 점령했을 때 더 유리하다는 라빈의 주장을 수용했다. 6월 9일 저녁까지, 모든 이집트 군대는 수에즈 운하의 서쪽으로 후퇴했고, 이스라엘 군이 운하의 동쪽 제방을 탈취했다.[62]

3.3 | 시리아 전선

이스라엘 군이 요르단을 패배시키고 이집트 군대가 붕괴 직전에 있는 상황에, 엘라자르 장군은 다얀에게 골란 고원에 대한 공격을 금지하는 명령을 번복해달라고 호소했다. 엘라자르는 이스라엘 군이

---

61   Ibid.

62   The Protocol of the Israeli Cabinet Meeting on the morning of June 9, 1967 (declassified)[in Hebrew], *Israel's State Archives*, p. 2, http://www.archives. gov.il/archives/#/Archive/0b0717068031be32/File/0b0717068526a92b/Item /090717068526a9a6(accessed May 29, 2017); Bar-On, *Moshe Dayan*, p. 233, 235; Oren, *Six Days of War*, p. 214; Bregman, *Israel's Wars, 1947~1993*, p. 56.

UN 안보리의 휴전 결의안이 수용되기 이전에 중요한 전략적인 지점을 점령해야 한다고 판단했다. 과격파를 대표하는 알론 노동장관은 6월 8일 저녁 내각 회의에서 엘라자르의 견해를 지지하고, 다얀의 소극적인 태도를 비판했다. 알론은 골란 고원에 대한 공격을 지원하도록 다얀과 에슈콜을 압박하기 위해 시리아 군의 포격에 노출되어 있는 정착민 대표단을 회의에 초청했다. 이러한 압력에도 불구하고, 다얀은 소련의 개입으로 이어질 수 있는 시리아와의 전쟁을 꺼려했고, 에슈콜은 다얀의 판단을 지지했다.[63]

그러나 다음날 아침 다얀은 그의 마음을 바꾸었다. 유엔 사무총장은 6월 9일 이른 시간에 유엔 주재 이스라엘 대사에게 연락을 취해 이스라엘 역시 휴전에 동의할 경우 시리아는 휴전을 받아들일 의사가 있다고 알렸다. 몇 시간 후, 다얀은 골란 고원에 대한 이스라엘의 공격에 시리아의 저항 능력이 급감했다는 보고를 받았으며, UN 안보리의 동향에 대한 외교적 상황을 파악했다. 골란 고원에서 "기회의 창"은 닫히고 있다는 사실을 고려하여 다얀 국방장관은 시리아에 대한 공격을 지시했고, 이후 에슈콜 총리에게 연락하여 총리의 추인까지 확보했다. 다음 날, 이스라엘 병력은 요르단 강과 수에즈 운하 유역뿐만 아니라 헤르몬 산과 골란 고원의 꼭대기까지 점령했다.[64] 전쟁은 끝났다.

---

63 The Protocol of the Israeli Cabinet Meeting on June 9, 1967(declassified)[in Hebrew], *Israel's State Archives*, pp. 2~27, http://www.archives.gov.il/archives/#/Archive/0b0717068031be32/File/0b0717068526a92b/Item/090717068526a9a5(accessed May 29, 2017); Bar-On, *Moshe Dayan*, pp. 237~239.

64 Bar-On, *Moshe Dayan*; Bregman, *Israel's Wars, 1947~1993*, p. 58; The Protocol of the Israeli Cabinet Meeting on the morning of June 9, 1967 (declassified)[in Hebrew], *Israel's State Archives*, p. 2.

4 | 결론

앞에서 본 바와 같이, 6일 전쟁으로 가는 과정, 그리고 6일 전쟁 중에 중대한 의사결정에서 이스라엘 군은 중요한 역할을 수행했다. 하지만 이스라엘 군이 중요한 역할을 수행했다는 것이 이스라엘 군이 독단적으로 행동했고 이스라엘 정책결정과정에서 주도권을 행사하여 정치 지도자들의 선택을 제한했다는 주장으로 이어질 수는 없다. 만약 이스라엘 군이 이집트의 임박한 공격에 대해 경고하지 않고 결과적으로 아랍 국가들이 이스라엘을 선제공격했다면, 이스라엘 군은 자신의 의무를 적절하게 수행하지 못했다고 볼 수 있다. 하지만 전쟁 이전에 에슈콜 총리는 미국 외교가 이스라엘과 아랍 세계 간 전쟁을 방지할 수 있다고 생각했으며, 미국의 압력을 수용하여 군사력을 사용하지 않기로 결정했다. 즉, 전쟁 이전의 기간에, 정치적 고려가 군사적 계산보다 우위에 놓였으며 정치적 고려가 이스라엘의 정책결정에서 가장 중요한 변수였다.

일단 전쟁이 시작한 뒤에 전장에서 모든 전략적 움직임은 다얀과 에슈콜에 의해 결정되거나 승인되었다. 수에즈 운하 제방에 도달하도록 하는 다얀의 결정이나 이스라엘 군이 가자 지구, 예루살렘 구시가지, 골란 고원 등을 점령하도록 한 결정 등 초기 전쟁 계획에 대한 수정은, 이스라엘 군의 압력이 아닌 변화하는 정치적 상황과 전쟁의 역동성의 결과였다.

전쟁 후 수십 년간 이스라엘의 행동을 살펴보면, 이스라엘 정책결정과정에서 이스라엘 군이 주도권을 행사하고 과도한 권한을 지닌다는 비판은 적절하지 않다. 1973년 욤 키푸르 전쟁 직전, 골다 메이어 수상은 이집트에 대한 선제공격을 개시하라는 합참의장 엘라자르의 요청을 거부했다.[65] 1977년 선거에서 승리한 후, 메나켐 베긴은 이스라엘 군의 반대에도 불구하고 이집트와 평화 협상을 시작했다.[66] 1982년 국방장관 아리엘 샤론은 레바논의 마룬파 지도자인 바쉬르 주마일(Bashir Jumayyil)을 권좌에 앉히고 레바논을 "통제"하려는 정치적 목표를 위해 이스라엘 군의 레바논 침공을 결정했다.[67] 2000년 5월 레바논에서 철군한다는 에후드 바락(Ehud Barak) 수상의 결정은 이스라엘 군의 권고와 반대되는 것이었다.[68] 5년 뒤 총리로 집권한 샤론은 얄론 합참의장의 강력한 반대에도 불구하고 가자 지구에서 철수를 강행했고, 얄론 장군은 2005년 6월 전역했다. 2006년 레바논 전쟁 중 민간인이었던 얄론은 군사적 논리가 아닌 정치적 압력과 개인적 고려로 인해 국방부 장관 아미르 페레츠(Amir Peretz)와 수상 에후드 올메르트(Ehud Olmert)가 전쟁의 마지막 72시간 동안 주요 지상 작전을 개시하도록 했다고 주장했다.[69]

앞에 언급한 사례와 6일 전쟁의 이야기를 보면, 이스라엘 정책과 정책결정자들이 이스라엘 군의 권고를 그냥 수동적으로 추인한다

---

65 Ben-Meir, "civil-military considerations during armed conflicts", p. 23.

66 "Yozmat Sadat Linom Ba'kneset Ve'tgovat Memshelet Israel"(Sadat's initiative to visit and address the Israeli parliament and the Israeli government's response)[in Hebrew], *Israel's State Archives*, http://www.archives.gov.il (accessed June 5, 2017).

67 Amir Oren, "Mekhkar Be'Tzahal: Sharon Taram La'kishlonot Shel Milkhemet Levanon"(An IDF Research: Sharon contributed to the failures of the Lebanon War)[in Hebrew], *Haaretz*, September 17, 2012, http://www.haaretz.co.il/news/politics/1.1825161 (accessed June 4, 2017).

68 Ben-Meir, "civil-military considerations during armed conflicts", p. 23.

69 Moshe Ya'alon, *The Longer Shorter Way*[in Hebrew](Tel Aviv: Miskal, 2008), pp. 184, 209~211.

고 보기는 어렵다. 그렇다면, 강력한 국가안보위원회(NSC)가 민간 정부와 이스라엘 군의 대화를 개선시킬 수 있을까? 이스라엘 군의 독자성을 희생하면서 NSC를 강화하는 것은 몇 가지 문제가 있다.

관료 조직은 그들의 존재를 정당화하는 데 이미 확립된 이해관계가 있으며, NSC도 예외는 아니다. 정치 지도자들에게 이스라엘 군과는 다른 대안적 조언이나 행동방침을 제공하는 임무를 부여받은 관료조직으로서, NSC는 '우리가 기여할 수 있는 점이 없다'는 것을 인정하기보다는 실행가능해 보이는 보다 약한 선택지를 제공할 가능성이 높다. NSC와 이스라엘 군이 동일한 정책을 제안한 경우, 정부는 두 조직의 공통 의견에 반대되는 대담한 결정을 내리지는 못할 것이다. 강력한 NSC는 중대한 정책 결정이나 의사 결정의 갈림길에서 군대에 대응되는 균형추로서 기능하리라는 기대, 그리고 흔히 조직 이론에서 말하는 '군의 호전적 특징'에 대한 대안을 제시해주리라는 기대를 받고 있지만,[70] 역사는 이를 오히려 반증하고 있다. 오페르 셸라가 인정했듯이 미국 NSC는 미국이 베트남과 이라크라는 수렁에 빠졌던 데 많은 책임이 있다.[71]

전투가 치열할 경우 이스라엘 군은 끊임없이 변화하는 전장의 지형을 파악하는 조직이며, 적의 강점과 약점에 대한 실시간 정보를 매우 잘 분석한다. 하지만 이러한 정보를 국가안보위원회에 제공하고 여러 대안이 논의되고 최종적인 결정이 이루어지는 것을 기다리

---

70 See: Scott D. Sagan, "Why Nuclear Spread Is Dangerous", *The Use of Force: Military Power and International Politics*, 5[th]ed., Robert J. Art and Kenneth N. Waltz, eds.(Lanham, Maryland: Rowman and Littlefield, 1999), pp. 374~377.

71 Shelah, *Dare to Win*, pp. 262~263.

는 것은 위험할 수 있다. 기습의 요소를 실행하는 것, 상대적 우위를 얻는 것, 그리고 승리하는 데 빠른 결정과 행동이 필요하다는 점에서 소중한 자원과 시간이 낭비된다. 작전적 관점에서 정책결정자에게 군대만한 전쟁 전문가는 없다.

이스라엘에서 민간 정부와 군의 대화를 개선하려는 임무, 그리고 정책과 의사결정 과정은 총리와 정부 각료에게 달려 있다. NSC에게 더 많은 권한을 부여한다면, 정부는 이러한 과정에서 명확함이나 효율보다는 혼란을 가져올 가능성이 있다. 그 대신에, 정부는 에슈콜의 리더십 스타일처럼 최고사령부와의 열린, 솔직한 대화에 참여하기 위해 노력해야 한다. 가끔 과격하기는 했으나, 에슈콜과 다얀의 격식 없는 의견 교환은 필요한 때에 걸맞은 결정을 내리도록 도왔다. 1967년 이스라엘이 포위된 작은 나라에서 지역 패권으로 자리할 수 있었던 결정은 이러한 의사소통의 산물이라고 할 수 있다.

제2부

한국 민군관계와 대한민국 육군

그렇다면 대한민국의 민군관계에 대해 어떻게 진단할 수 있고 어떠한 방향으로 발전시켜야 하는가? 2018년 현재 한국에서 1961년과 1979/80년과 같이 또다시 쿠데타가 발생할 가능성은 영(零; Zero)이다. 이러한 측면에서 군(軍)에 대한 정치적 신뢰 자체는 확고하며, 정치 지도자들은 군을 정치적 경쟁자로 인식할 필요가 없다. 그렇다면 민군관계에서 모든 문제는 해결되는가? 60년 전 헌팅턴은 객관적 문민통제를 강조하면서, 군사 분야의 전문성을 가진 장교단에게 모든 권한을 위임하고 정치 지도자들은 가능한 한 개입하지 않아야 한다고 주장했다. 반면 전쟁이 "다른 수단으로 진행되는 정치의 연속"이라는 클라우제비츠의 주장에 따른다면, 전쟁에 관한 일체의 사항에 있어 정치 지도자의 관여는 가능하며 동시에 필요하다.

이러한 측면에서 민군관계를 이해하기 위해서는 새로운 시각이 요구된다. 그중 하나는 민군관계를 선거를 통해 국민의 위임을 받은 정치 지도자들과 전문성에 기초해 군사력 관련 사항에 국한된 권한을 재위임받은 장교단 간의 관계를 본인-대리인 관계(Principal-Agent Relations)로 이해하는 것이다. 여기서 민군 사이의 대화는 중요하지만, 권한을 위임한 본인과 권한을 위임받은 대리인 사이의 대화는 본질적으로 불평등하다. 그렇다면 이와 같은 민군 사이의 불평등한 대화(Unequal Dialogue)를 어떻게 개선하여, 권한에서의 불평등(Unequal Authority)과 대화에서의 평등(Equal Dialogue)을 조화시킬 것인가?

또 다른 시각은 민간 사회와 군의 관계를 민주주의라는 렌즈로 분석하는 것이다. 오늘날 단일한 개념으로 간주되는 자유민주주의는 자유와 민주주의로 분리할 수 있으며, 이것은 각각 자유와 권리를 강조하는 자유주의(Liberalism)와 공동체에 대한 개인의 훌륭함(Virtue)을 중요시하는 공화주의(Republicanism) 전통으로 대표된다. 각각의 전통에서 볼 때, 군은 사회를 보호하기 위해 반드시 필요하다. 하지만 군의 구성은 개인의 자유를 희생하지 않는 정도에서 전문성에 기초하여 자유주의 전통에 따라 또는 군 복무 경험이 가져오는 공동체 정신을 이용하기 위한 공화주의 전통에 따라 달라진다. 또한 민간 사회가 스스로를 지키기 위한 군사력을 국가/사회 전체가 "소유"하는 군의 민주화 문제와 함께, 병사 개개인의 동의(同意)를 강조하면서 지원병제와 연결될 수 있는 군의 자유화 문제 등을 파악할 수 있다.

그렇다면 민주주의가 수립되지 않은 국가의 경우 민군관계는 해당 국가의 군사력에 어떠한 영향을 미치는가? 민주주의 한국은 현재 최악의 비민주주의 국가인 북한과 대립하고 있으며, 북한의 민군관계는 쿠데타 가능성이 완전히 소멸한 한국의 민군관계와는 전혀 다른 의미를 가진다. 김정은과 같은 북한의 정치 지도자는 조선인민군을 정치적으로 신뢰할 수 없으며, 북한군 지휘부를 통제하고 장교단을 정치적 경쟁상대로 인식하게 된다. 그렇다면 이 과정에서 북한 정치 및 군사조직에서는 어떠한 역동성이 작용할 것인가?

제4장

한국 육군과 한국 민주주의, 기여와 미래*

이근욱

    1987년 대통령 직선제 개헌으로 한국에서 제도적 민주주의가 수립되면서, 대한민국의 민주주의는 2017년으로 30세가 되었다. 1987년 민주화 이후 한국에서 민주주의는 매우 빠른 속도로 성숙했고, 제도적 차원에서 확고히 자리 잡았다. 정치에 대한 불만과 비난은 여전히 존재하지만, 이러한 불만과 비난은 현재 존재하는 제도를 통해 해결되고 있다. 그리고 이와 같은 정치에 대한 불만은 한국에서만 존재하는 것이 아니다. 지난 20년 동안 민주주의 국가에서는 정치에 대한 불만이 지속적으로 증가해왔으며, 최근 미국과 영국 등에서는 기존 정치에 대한 불만이 규합되면서 예측과는 다른 방향으로 선거 결과가 결정되었다.[1]

---

*   이 원고의 내용은 필자의 개인적인 견해이며, 육군력 포럼을 주최하는 육군본부나 육군력연구소의 공식 견해는 아니다. 이 원고의 일부는 2016년도 재단법인 한국의회발전연구회 연구용역 보고서("미국 의회의 군에 대한 문민통제: 개

이러한 상황에서 한국 민주주의는 최근의 탄핵 위기를 성공적으로 극복했다. 대통령을 둘러싼 정치적 위기는 기존 제도를 통해서 합법적인 절차에 따라 처리되었으며, 한국 민주주의는 더욱 굳건해졌다. 그리고 이 과정에서 한국 육군은 지극히 모범적으로 행동했으며, 단 하나의 오점도 남기지 않았다. 탄핵과 관련해 많은 시위가 일어났으며 이 가운데 "군(軍)의 행동"을 요구하는 일부 목소리가 존재했지만, 육군을 포함한 대한민국 군은 철저하게 정치적 중립을 준수했고 전혀 동요하지 않았다. 무엇보다 중요한 사실은 이와 같은 극단적인 목소리를 어느 누구도 심각하게 받아들이지 않았다는 것이다. 일부에서는 "군의 행동"이 우려된다는 주장이 있었으나, 이러한 주장 자체는 심각하게 받아들여지지 않았으며 사실상 묵살되었다. 한 정치인은 "계엄령 선포"에 대한 정보를 언급했지만, 정부는 이를 적극적으로 반박했으며 여론에서도 무시되었다. 즉, 한국 사회는 육군을 포함한 대한민국 군의 정치적인 행동을 더 이상 우려하지 않는다.

이것은 매우 놀라운 발전이다. 이것은 2017년 현재 시점에서 한국 민주주의가 이루어낸 가장 중요한 성취 가운데 하나이며, 육군을 포함한 대한민국 군이 지난 30년 동안 심혈을 기울였던 민군관계(civil-military relations)의 "정상화" 노력이 국민들에게 수용되었다는 것

넘 발전과 적용을 중심으로")와 이근욱, 「민주주의와 민군관계: 새로운 접근법을 위한 시론」, ≪신아세아≫, 24권 1호(2017년 4월), 106~135쪽 등에 기초하고 있다.

1   지난 2016년 영국과 미국에서 나타난 선거 결과에 대해서는 여러 가지로 해석할 수 있다. 여러 해석에서 공통적으로 나타나는 것은 많은 이유로 인하여 민주주의 국가의 국민들이 자신들의 정치체제와 기존 정치세력에 대해 강력한 불만을 가지고 있다는 사실이며, 이러한 기존 정치체제에 대한 불신이 선거에서 예측과는 다른 결과를 가져왔다는 사실이다.

을 의미한다. 이것은 현재까지 그다지 주목받지 못하는 사안 가운데 하나이다. 이것은 역설이다. 한국 민주주의와 대한민국 군의 가장 위대한 성취는 바로 그 성취 때문에, 목표가 달성되었기 때문에 주목받지 못했다. 그리고 이것이 그다지 주목받지 못한다는 사실 자체는 한국에서 민군관계가 안정화되어 있다는, 그 때문에 이러한 정치적 격변기에도 군(軍)의 정치적 행동에 대해서는 완전히 무관심해도 된다는 것을 모두가 인식하고 있다는 사실을 내포한다.

하지만 이전의 상당 기간 동안, 군과 한국 민주주의는 긴장관계를 유지했다. 권위주의 정권 시기 군은 정권을 구성하는 핵심 요소였으며, 이 때문에 민주화 과정에서 군과 민주주의는 서로 대립했다. 이러한 긴장관계는 민군관계에서 많은 비용을 수반했으며, 여러 부작용을 낳았다. 그렇다면 2017년 현재 시점에서 우리는 한국의 민군관계, 즉 대한민국 민주주의와 대한민국 육군의 관계를 어떻게 이해할 것인가? 지난 30년의 민주화 및 민주주의 공고화 기간 동안 한국 육군의 기여는 무엇이며, 이것을 어떻게 평가할 것인가? 그리고 민군관계의 측면에서 우리가 앞으로 해결해야 하는 과제는 무엇인가? 이와 같은 과제의 측면에서 육군이 나아가야 하는 방향과 민간 부분이 추구해야 하는 가치는 무엇인가? 무엇보다 민주주의 공고화 과정을 거쳐 민주주의가 성숙된 상황에서 한국의 민군관계는 어떠한 방향으로 발전해야 하는가? 이것이 핵심 질문이다.

이러한 질문을 검토하기 위해 필자는 우선 민군관계 일반에 대한 논의를 제시할 것이다. 현재 민군관계에 대한 대부분의 분석은 헌팅턴(Samuel P. Huntington)의 연구에 기초하고 있으며, 이 장의 내용 또한 헌팅턴의 주장에서 출발한다.[2] 하지만 이 장은 이에 국한되지 않고 헌팅턴의 기념비적 저서가 출판된 이후 60년 동안 제시된 추가

분석을 반영하고자 한다. 필자는 한국의 성취라는 측면에서 민군관계의 여러 측면을 살펴볼 것이다. 여기서 주요 초점은 이미 확립된 것으로 보이는 군의 정치적 중립이 아니라, 군사문제에 대한 전문성을 갖추지 못한 정치 지도자들이 군이라는 전문가 집단에게 권한을 위임하는 과정에서 발생하는 문제에 주어진다. 즉, 문민통제(文民統制; civilian control)의 측면이 아니라 본인/대리인 문제(principal-agent problem)의 관점에서 민군관계를 논의하려고 한다.

따라서 아래에서는 민군관계와 관련된 세 가지 사안과 이와 관련된 "헌팅턴의 딜레마"를 제시하고, 이어 한국 민주주의의 성숙과 군의 정치적 중립 확립 문제를 간단하게 언급하겠다. 핵심 논점은 세 가지이다. 첫째, 현재 한국에서 수용되고 있는 "취약한 민주주의" 문제와 이를 둘러싼 정치적 인식의 문제이자, 2017년 현재의 민군관계이다. 둘째, 한국에서 전통적 차원의 민군관계가 확립된 상황에서 논의의 초점은 정치 지도자들에 의한 권한 위임과 이를 둘러싼 "불평등한 대화(Unequal Dialogue)"이며, 이러한 관점에서 2017년 현재의 한국 민군관계를 조명하려고 한다. 마지막으로 "민주화 이후의 민군관계"의 측면에서 한국의 민군관계가 발전해야 하는 방향과 이것이 한국 육군의 발전에 미치는 영향 및 추진 과제 등을 제시하고자 한다.

---

2   Samuel P. Huntington, *The Soldier and the State: the Theory and Politics of Civil-Military Relations*(Cambridge, MA: The Belknap Press of Harvard University Press, 1985). 해당 연구는 1957년에 처음 출판되었으며, 이후 판본을 거듭하면서 인쇄되었다.

1 | 민군관계와 헌팅턴의 딜레마

민군관계는 "한 국가의 정책결정과정에서 군사 지휘자와 정치 지도자 사이에서 이루어지는 권력관계"로 정의할 수 있다. 특히 국가 정책의 결정권을 둘러싼 민간 출신 정치 지도자와 군을 통제하는 장교단(將校團; officer corps)과의 관계이며, 과연 정치 지도자들이 장교단 최고 지휘부를 적절하게 통제할 수 있는가를 의미한다. 그 핵심에는 무력을 장악하고 있는 장교단을 민간 출신 정치 지도자들이 통제할 수 있는가의 문제와 함께, 민간 출신 정치 지도자들이 군 지휘부를 통제하기 위해 취하는 여러 가지 조치와 그에 따른 정치군사적 비용이 포함된다.

하지만 이러한 논의는 민군관계의 핵심을 파악하지 못한다. 헌팅턴이 제시했던 문민통제의 형태 및 장교단의 중립성 문제는 일반적인 차원에서 나타나는 권한 위임과 본인/대리인 문제를 분석하는 데 많은 한계를 가지며, 이 때문에 대한민국과 같이 민주주의가 확립된 국가의 민군관계를 논의하기에는 적합하지 않다. 즉, "민주화 이후의 민군관계"를 이해하기 위해서는 새로운 관점이 필요하며, 이는 헌팅턴이 제시했던 딜레마를 뛰어넘는 논의로 이어져야 한다.

1.1 | 권력은 총구에서 나온다?

"권력은 총구에서 나온다(槍杆子裏面出政權)". 이것은 마오쩌둥(毛澤東) 최고의 명언이다. 1차 국공합작이 실패한 직후인 1927년 마오는 권력은 폭력 수단에 기초한다고 인식했다. 베버(Max Weber)는 국가는 목적이 아니라 수단으로 정의할 수 있다고 강조하면서, 근대 국가를 "제한된 영역에서 폭력 수단을 합법적으로 독점한 권위체"라고 정의했다.[3] 즉, 국가는 폭력에 기초하여 작동하는 권위체이며, 이와 같이 폭력 수단을 독점한 권위체가 존재하지 않는 상황은 무정부 상태로 국제정치에서 나타난다. 국제정치와 국내정치를 구분하는 가장 중요한 차이는 폭력 수단을 합법적으로 독점한 중앙 권위체의 존재이다.

"총구"로 대표되는 군사력 통제 부분에서는 여러 가지 질문이 가능하다. 하지만 다음 두 가지 질문이 특히 중요하다. 첫째, 이러한 폭력 수단의 독점은 잘 관리될 수 있는가? 독점된 폭력 수단의 "관리"를 위해서는 어떠한 비용을—정치적, 군사적 비용을—지불해야 하는가? 이 경우에 논의 대상은 "권력"과 무력사용의 통제권이다. 즉, 누가 "총구를 관리"하고, "관리" 권한을 어떻게 위임하고 수임자(受任者)를 통제하는가의 문제이다. 그리고 "관리 권한의 위임 범위"에 대한 문제가 존재한다. "총구"에 대한 전문성을 가진 장교단에게 어느 정도의 권한을 위임할 것인가? 그리고 장교단은 위임된 권한에 기초하여 맡은 바 임무를 잘 수행하는가? 즉, "총구"와 관련된 위임자(委任者)와 수임자 사이에서 나타나는 통제와 감시 문제이며, 논의 대상은 조직 운영에서의 자율성과 전문 지식이다.

두 번째 질문은 "총구"의 필요성과 "총구"와 정치체제의 모순에 대한 부분이다. 헌팅턴 자신은 민주주의 국가, 특히 1950년대 미국과 같은 자유주의 사회는 자신의 안보를 위해 필요한 적절한 형태의 군사력을 창출하는 데 많은 어려움에 직면할 것이라고 보았다. "총

---

3   Max Weber, "Politics as a Vocation", H. H. Gerth and C. Wright Mills (eds.), *From Max Weber: Essays in Sociology*(London: Routledge & Kegan Paul Ltd, 1974), pp. 77~128.

구" 자체의 필요성을 강조하면서, "총구"를 효과적으로 만들어내기 위해서는 자유주의/민주주의 정치체제의 원칙과는 독립된 새로운 원칙이 허용되어야 한다고 주장했다. 자유주의 사회 또는 민주주의 정치체제는 이와 같이 "별도의 원칙"에 기초하여 만들어진 "총구" 및 "총구의 담당자"들을 허용하고, 이들의 독자성을 인정하고 전문성을 강조해야 한다고 보았다.

이와 같은 주장은 매우 큰 설득력을 가진다. 즉, 군사문제에서 전문성을 가진 군 및 장교단은 민간 정치체제를 보호하며 동시에 안보 문제를 해결하기 위한 "총구"의 생산과 관리에서 상당한 자율권을 보장받아야 한다는 것이다. 하지만 이러한 주장은 다음과 같은 측면에서 논리적 문제에 직면한다.

1.2 │ 총구의 관리와 권한의 위임

독점된 폭력 수단의 "관리"와 연관된 첫 번째 질문은 앞에서 인용한 마오쩌둥의 주장과 직결된다. 과연 국가에서, 특히 "폭력 수단의 합법적 독점"을 핵심으로 하는 근대 국가에서 "폭력 수단"을 실제 통제하는 조직은 군(軍)이며, 따라서 민간 지도자들이 군을 어떻게 통제하느냐와 관련된 민군관계는 정치 조직의 생존에 핵심 문제이다. "권력은 총구에서 나온다"는 마오의 주장은 민군관계의 핵심을 매우 적절하게 파악했고, 문민통제 원칙이 확립되지 않았던 모든 국가에서 나타나는 문제점을 잘 보여주었다. 공산주의 국가인 소련에서도 동일한 문제가 존재했고, 특히 권력분립이 아니라 모든 권력이 공산당에 집중되는 것을 원칙으로 하는 공산주의 정치체제의 특성상 공산당에 의한 군 통제 원칙이 등장했다.[4] 중국 또한 예외는 아니었

제2부 한국 민군관계와 대한민국 육군

다. 1937년 마오는 당지휘창(黨指揮槍) 원칙을 통해 "공산당이 군대를 통제하며, 군이 당을 지휘하는 것은 용납될 수 없다"는 것을 확립했다. 이후 중국군, 중국 인민해방군은 중화인민공화국(中華人民共和國)이라는 국가의 군대[國軍]가 아니라 중국 공산당의 군대이며, 정치를 우위에 두는 공산당의 군대[黨軍]로 유지되고 있다.

권력이 총구에서 나온다면, 중앙 권위체는 그 총구를 잘 관리해야 한다. 총구가 "적절하게 관리"되지 않으면, 총구는 새로운 권력을 만들어내며 기존의 중앙 권위체는 소멸한다. 하지만 총구를 "적절하게 관리"하는 것은 많은 노력을 필요로 하며, 경우에 따라서는 총구 자체를 약화시키고 분열시키는 것이 필요하다. 즉, 총구의 "관리"에는 상당한 비용이 소요되며, 총구의 "관리"와 총구의 "위력"은 반비례한다. 그렇다면 총구의 "관리"를 둘러싼 국가 내부의 정치적 역동성은 국가 외부에서 또는 외부의 침입이 있는 경우에 사용되는 군사력에 어떠한 영향을 미치는가? 쿠데타 방지 노력(Coup-Proofing)은 개별 국가가 건설하는 군사력의 크기와 구성, 그리고 지휘체계 등에서 상당한 왜곡을 가져오기 때문에 쿠데타 방지에 집중하는 국가는 대외적으로 필요한 군사력을 충분히 보유하지 못한다고 알려져 있다.[5]

---

4   소련의 경우, 군에 대한 불신은 극단적인 결과를 초래했다. 1937~39년 스탈린은 소련군 최고 지휘부를 의심했으며, 이어 벌어진 숙청은 끔찍한 결과를 초래했다. 1937년 6월에 시작된 숙청에서 소련군 장교단은 파멸에 가까운 타격을 입었다. 1935년 11월 원수(元帥; field marshal)에 임명된 5명의 지휘관 가운데 3명이 처형되었으며, 야전군 사령관 15명 가운데 13명, 군단 사령관 57명 가운데 50명, 사단 지휘관 186명 가운데 154명 등이 숙청되었다.

5   James T. Quinlivan, "Coup-Proofing: Its Practices and Consequences in the Middle East", *International Security*, Vol. 24, No. 2(Autumn 1999), pp. 131~165.

쿠데타 가능성을 심각하게 우려하는 정치 지도자들은 외부의 위협이 아니라 내부의 위협에 더욱 집중하게 된다. 그리고 자신들의 생존을 위해, 즉 내부의 위협을 약화시키기 위해 외부의 위협을 감수한다.

"관리 권한의 위임 범위"에 대한 질문은 앞에서 서술한 총구 관리 비용에 대한 첫 번째 질문에서 도출된다. 쿠데타 가능성이 높은 경우에 정치 지도자들은 총구를 "관리"하는 데 소요되는 비용을 부담하면서 총구를 직접 관리하며, 이 과정에서 권한 위임은 대체로 일어나지 않게 된다. 하지만 쿠데타 가능성이 낮다면, 정치 지도자들은 자신들이 총구를 직접 "관리"하지 않으며, 장교단이라는 전문가 집단에게 총구의 "관리"를 위임하게 된다. 그렇다면 이러한 "관리" 권한은 어느 정도까지 위임되고 장교단에게는 어느 정도의 자율성을 보장하는가? 궁극적으로 권력이 총구에서 나오지만, 전문 장교단이 자율성과 권한을 위임받아 총구를 적절하게 관리해야 한다. 반면, 자율성과 위임이 제한되어 관리되지 않은 총구는 가장 근본적인 존재 이유인 대외적인 효율성을—국가 방어의 기본인 군사적 효율성을—상실한다. 즉 권력은 총구에서 나오지만, 국내정치에서만 권력을 만들어내는 총구는 국제정치에서 통용될 수 있는 권력을 만들어내지 못하며, 이러한 국가는 파멸한다.

하지만 무제한적인 자율성과 권한 위임이 과연 효과적인가? 여기에서도 총구 "관리"에 소요되는 비용이 등장한다. 총구를 효과적으로, 특히 국가안보 및 대외 전쟁을 위한 총구를 효과적으로 만들기 위해서는 전문 장교단의 독자성과 권한 위임이 필요하지만, 위임된 권한과 승인된 자율성이 항상 기대했던 효과를—좋은 총구와 그에 기반한 군사적 효율성을—가져오지는 않는다. 따라서 권한을 위임했던 정치 지도자들은 본인(本人; principal) 입장에서 대리인(代理人; agent)인 장교단의 행동을 감시하고 통제하면서, 자신들이 기대했던 효과가 정확하게 실현되도록 노력한다. 그리고 여기에서도 비용이 발생한다. 이 비용은 총구 관리를 위한 것이 아니라 총구 효율성 또는 군사적 효율성을 담보하기 위한 것이다. 단순하게 위임된 권한과 자율성은 적절하게 감시되고 통제되지 않는다면 장교단의 이익 극대화를 위해 사용되며, 국가 전체의 이익 추구와 효율적인 군사력 구축에 기여하지 못할 수 있다.

1.3 │ 헌팅턴의 딜레마?

헌팅턴은 객관적 문민통제(objective control)와 주관적 문민통제(subjective control)를 구분하면서, 민주주의 국가는 생존을 위해 객관적 문민통제를 추구하고, 이를 통해 자신의 "유약함"을 보완해야 한다고 주장했다. 이러한 주장은 탁월하며, 현재에도 많은 시사점을 제공한다. 특히 주관적 문민통제의 문제점에 대한 지적은 매우 정확했으며, 이것이 군사적 효율성을 저하한다는 관찰은 날카로운 통찰력이었다. 이 때문에 헌팅턴은 객관적 문민통제를 통한 정치적 신뢰를 강조했으며, 이에 기초하여 "폭력 관리의 전문가 집단(professional managers of violence)"인 장교단에게 위임하는 방안을 제시했다.

하지만 여기에는 다음과 같은 문제가 존재했다. 첫째, 헌팅턴의 논의는 사회와 군의 격차를 인정하지만, 그 갈등과 긴장 상태를 해결할 방법은 제시하지 않는다. 즉, 민주주의 사회에서 나타나는 자유주의적 가치에 대해, 장교단 및 장교단이 지휘하는 군의 입장에서는 자신의 정체성을 약화시킨다고 보면서 이를 거부하는 경향이 나타난다. 헌팅턴은 이러한 갈등은 사회가 보수화되는 경우에만 해결될 수 있다고 보았으나, 사회의 보수화와 이에 따른 "군국주의화"는 미국 또는 한국에서도 나타나지 않았다. 둘째, 현실에서 군은 헌팅턴의 논의에 기반하여 자신들의 조직적 이익을 추구하는 경향이 있다. 즉, 헌팅턴이 제시했던 군의 전문성 및 자율성 인정은 장교단에 의한 군 조직의 비밀주의와 외부로부터의 간섭 배제로 이어지며, 문민통제 자체를 약화시키고 군사적 효율성을 저하시킨다. 헌팅턴이 이상적으로 평가했던 객관적 문민통제에서도 장교단은 독자적으로 조직 자체의 이익을 추구하며, 군사적 효율성 극대화에는 집중하지 않을 수 있다.

세 번째 문제이자 가장 심각한 문제는 헌팅턴이 암묵적으로 제시했던 민주주의 국가의 "유약함"이 실제로는 잘 등장하지 않는다는 사실이다. 헌팅턴은 민주주의 국가의 군사적 생존 가능성에 대해 매우 비관적이었으며, 이러한 비관론은 1950년대 미국이 자유주의/민주주의 정치이념 때문에 적절한 양의 군사력을 만들어내지 못할 것이며 소련과의 냉전 경쟁에서 패배할 것이라는 두려움을 불러일으켰다. 헌팅턴은 자유주의/민주주의 국가가 가지고 있는 이념은 군사력 구축 및 사용에서 생산적이지 않으며, 따라서 장기적으로 민주주의 국가는 군사력 경쟁에서 패배할 것이라고 보았다. 즉, 민주주의 국가는 정치체제와 자유주의 이념 때문에 전쟁에서 패배하며, 따라서 민주주의 국가는 자신의 정치적 생존을 위해 정치체제와 이념에서 어느 정도는 "희생"되어야 한다고 상정했다.

하지만 경험적으로 그리고 이론적으로 민주주의 국가는 군사력 구축과 경쟁에서 대부분 승리했으며, 승리할 수 있었다. 민주주의 국가는 비민주주의 국가보다 더욱 많은 자원을 군사력 구축에 투입하며, 민군관계에서도 긴장이 적기 때문에 더욱 효율적인 군사력을 구축할 수 있다. 일반적으로 민주주의 국가는 비민주주의 국가에 비해 더욱 많은 경제력과 산업 생산력을 가지며, 따라서 물량 측면에서 비민주주의 국가를 압도한다. 민주주의 국가의 병사들은 비민주주의 국가들의 병사들보다 더욱 열심히 싸우며, 따라서 전장에서 더욱 강력한 힘을 발휘한다. 민주주의 국가끼리의 동맹은 더욱 공고하며, 민주주의 국가는 자신들이 성공할 가능성이 있는 전쟁만을 선택적으로 수행한다. 선택이 아니라 강요된 전쟁에서도 민주주의 국가는 매우 열성적으로 자신의 정치체제를 수호하기 위해 노력한다.[6]

그렇다면 한국은 특히 한국 육군은 앞에서 제시된 세 가지 문제에 어떻게 대응했는가? 즉, "총구의 관리" 문제에서 한국은 어떻게 대응했으며, 한국 육군은 이러한 변화에 어떻게 기여했는가? 총구와 관련된 "권한 위임"에서 한국은 어떻게 문제를 해결하려고 시도했으며, 육군은 이에 어떻게 대응했는가? 그리고 민주주의와 군의 모순 부분에서 한국 육군은 어떻게 기여했으며, 앞으로 나아가야 할 방향은 무엇인가?

2 | 한국 민주주의의 성숙과 "총구의 관리" 그리고 육군

지난 30년을 거치면서 한국에서는 이제 "총구"의 관리 문제에 대해서는 확고한 인식이 자리 잡았다. 즉, 한국에서 "총구" 관리와 관련된 문제는 더 이상 없다. 이것은 한 세대 전인 1987년 시점에서는

---

6   이에 대한 대표적인 연구로는 Dan Reiter and Allan C. Stam, *Democracies at War*(Princeton, NJ: Princeton University Press, 2002)이 있다.

많은 사람들이 희망했지만, 실현될 것이라고는 확신할 수 없었던 것이었다. 2017년 현재 이 부분에 대해 의문을 제기하는 경우는 없지만, 이와 같은 "정치적 안심"은 1987년 상황에서는 기대하기 어려웠다. 그럼에도 불구하고 한국은 이를 성취했고, 한국 육군은 이러한 변화에 적절히 적응했으며 변화 자체를 주도했다.

2.1 | 한국 민주주의 성숙과 "총구 관리"

1987년 한국 정치 상황에서 군의 영향력은 막강했으며, 당시 대통령 선거에서도 군의 정치적 힘은 간접적으로 작용했다. 군의 일부는 1961년과 1979/80년 두 번에 걸쳐 정치에 개입했으며, 이를 통해 정치적 영향력을 획득했다. 특정 지역 출신자 중심으로 구성된 군 내 사조직이 존재했다. 군 정보기관이 민간 부분에 대한 사찰과 감시를 수행했으며, 언론인에 대한 위협과 선거 개입 등을 감행했다. 그리고 많은 사람들이 이러한 가능성이 현실화될 수 있다고 두려워했다.[7] 하지만 이러한 군의 정치적 힘은 1987년 이후 빠른 속도로 감소했으며, 1993년 김영삼 행정부의 출범이 결정적으로 작용하면서 그 영향력은 쇠퇴했다.

1993년 2월 취임한 김영삼 대통령은 취임 직후인 3월 군 지휘부에 대한 대대적인 인사를 단행했으며, 군 내 사조직 해체를 지시했다. 이후 7월 추가적인 인사조치가 진행되면서 육군 내부의 사조직은 사실상 소멸되었다. 보수 세력에 기반했던 김영삼 행정부는 "총구

---

7   Nicholas D. Kristof, "Seoul Journal; His Dream is Democracy, His Nightmare, a Coup", *The New York Times*, July 27, 1987.

관리" 문제에서 심각한 위협에 직면하지는 않았다. 하지만 김영삼 대통령은 대규모 인사 조치를 단행했고, 군 내 사조직을 해체하는 방식으로 "총구 관리" 문제를 사실상 영구히 해결했다.

이후 1998년 2월 김대중 행정부가 출범하면서 "총구 관리"에 대한 우려는 완전히 사라졌다. 김영삼 행정부의 인적 청산 덕분에 김대중 행정부는 "총구 관리"에 정치적 자원을 집중할 필요가 없었으며, 군 내 사조직 문제에 직면하거나 군 내부의 정치적 저항 등에서 해방되었다. 2003년 노무현 행정부 또한 "총구 관리" 문제에서는 안심할 수 있었다. 행정부의 정책 방향의 변화로 인하여, 군은 초기 단계에서는 그 방향성을 이해하는 데 어려움이 있었지만 이것을 현실로 수용하고 적응했다. 그 어떠한 경우에서도 군 또는 군 지휘부인 장교단은 행정부의 결정에 저항하거나 자신들이 통제하고 있는 "총구"를 정치적으로 사용하려고 시도하지 않았다. 이것은 엄청난 변화였다.

1987년에서 1993년까지 한국의 "총구"는 이전까지 누렸던 정치적 영향력을 상실했으며, 무엇보다 이러한 상실에 맞서서 뚜렷하게 저항하지 않고 이를 수용했다. 이러한 과정에서 민간 정치 지도자들은 군에 대한 통제 제도를 변화시키지 않았다. 흔히 사용되는 군사력의 분할 및 상호 견제 등은 나타나지 않았으며, 쿠데타 방지를 위한 적극적인 조치는 실행되지 않았다. 사조직 해체 조치가 시행되었지만, 군의 정치적 중립에 대한 노력은 군 내부와 외부에서 이루어졌다.

2.2 | 민주적 민군관계 정립을 위한 노력

대한민국 헌법은 5조 2항에서 "국군은 국가의 안전보장과 국토방위의 신성한 의무를 수행함을 사명으로 하며, 그 정치적 중립성은 준수된다"라고 규정하고 있다. 이와 같은 규정은 이전 헌법에서는 존재하지 않았다. 예를 들어 1980년 10월 27일 선포된 5공화국 헌법은 4조 2항에서 "국군은 국가의 안전보장과 국토방위의 신성한 의무를 수행함을 사명으로 한다"라고 규정하였으며, 정치적 중립에 대한 명문 규정은 따로 두지 않았다. 또한 74조 1항에서 "대통령은 헌법과 법률이 정하는 바에 의하여 국군을 통수한다"라고 명시하면서, 대통령이 국군통수권을 행사한다는 사실을 선언하였다.

또한 86조 3항에서 "군인은 현역을 면한 후가 아니면 국무총리로 임명될 수 없다", 그리고 87조 4항에서 "군인은 현역을 면한 후가 아니면 국무위원으로 임명될 수 없다"라고 규정하면서 국무총리와 국무위원의 문민(文民) 원칙을 수립하였다. 또한 군사에 관한 주요 사항은 국무회의의 심의를 거쳐야 하며, 대통령의 군사에 관한 행위에는 국무총리와 관계국무위원의 부서(副署)를 얻는 것을 필수요건으로 하면서, 문민통제를 강화하였다.

그 밖의 법률과 규율에서도 군의 정치적 중립은 엄격하게 규정되어 있다. 군형법 또한 군의 정치적 개입을 차단하면서 94조에서 "정치단체에 가입하거나 연설 또는 문서 기타의 방법으로 정치적 의견을 공표하거나 정치활동을 한" 군인을 처벌하도록 규정하였다. 군인복무규율 또한 군인의 정치운동이나 군무(軍務) 이외의 집단행동을 금지하였다.

가장 대표적인 육군 장교 육성기관인 육군사관학교 또한 이러한 노력에 동참했다. 육군사관학교는 교육 목표의 첫 번째 항목으로 "자유민주주의 정신에 기초한 국가관 확립"을 제시했다. 또한 학교의 임무를 "올바른 가치관 및 도덕적 품성과 군사 전문가로 발전할 수 있는 역량을 구비하고 국가와 군에 헌신하는 정예장교 육성"이라고 규정하면서, "올바른 가치관"을 "건전한 민주시민의식과 민주사회의 가치관" 등으로 선언했다.

3 | "총구"와 관련된 권한 위임 그리고 평등한 또는 불평등한 대화

그렇다면 "총구의 관리" 문제가 사라진 상황에서 한국이 직면한 민군관계의 또 다른 사안은 없는가? 즉, 민군관계에서 나타나는 문제는 군의 정치적 중립으로 모두 해결되며, 다른 문제들은 존재하지 않는가? 2017년 현재 한국이 직면하고 있는, 그리고 이후 세계에서 한국이 직면하게 될 민군관계의 문제는 "총구의 관리"에 대한 것이 아니라 총구의 관리와 관련된 "권한 위임"의 문제이다. 이 때문에 민주화 이후 한국에서 등장하는 민군관계의 핵심은 민간 정치 지도자들에 대한 정치적 도전이 아니라, 정책의 입안과 집행을 둘러싸고 나타나는 권한을 가진 민간 지도자와 전문성을 가진 군의 갈등이다. 즉, 앞으로 한국이 직면할 민군관계는 본인/대리인 문제의 관점에서 이해할 수 있다.

3.1 | 본인/대리인 문제에서 바라본 민군관계

모든 조직은 자기 자신의 조직적인 이익을 가지며, 조직이 수행해야 하는 임무를 위임한 본인과 임무를 위임받은 대리인은 근본적으로 이익에 있어서 차이가 있다. 즉, 정치 지도자들은 대외적인 위협에 대비해서 군사력 건설을 전문성을 가진 장교단에 위임하며, 장교단은 "군사력 건설"이라는 임무를 위임받아 군사력을 건설한다. 하지만 본인에게서 임무를 위임받은 장교단은 모든 대리인들과 마찬가지로 자신들의 조직적 이익을 추구한다. 즉, 장교단은 국방/군사 문제에서의 전문성을 바탕으로 정치 지도자들의 명령에 복종하면서 자기 자신들의 조직 이익과 자율성을 극대화한다.[8]

본인/대리인 문제는 정보의 비대칭성(asymmetric information) 때문에 발생한다. 직면한 모든 문제를 본인이 직접 해결하지 못하기 때문에 대리인을 고용하여 문제 해결을 위한 권한을 위임하며, 대리인은 본인이 위임한 권한을 가지고 해당 문제를 해결하지 않고 대리인 자신의 이익을 추구할 수 있다. 만약 정보가 대칭적으로 존재한다면, 즉 모든 것이 투명하다면 본인은 대리인의 모든 행동을 파악할 수 있으며, 대리인은 본인의 이익을 희생시키면서 자신의 이익만을 추구할 수 없다. 현실에서는 정보의 비대칭성 문제를 제거할 수 없으며, 본인은 대리인의 행동을 완벽하게 감시하고 통제할 수 없고 대리인 고용에 수반되는 여러 비용(agency cost)을 지불하게 된다.

하지만 본인/대리인 문제를 근원적으로 해결하는 것은 불가능하다. 즉, 정도의 차이는 있지만, 모든 경우에 대리인이 자기 자신의 이익을 극대화하면서 본인의 이익을 해치며 이 과정에서 비용이 발생한다. 이익 공유 및 성과급-성과 측정 및 승진-고용 중단 등이 본인/대리인 문제에 대한 해결책으로 존재하지만, 근본적인 해결책으로는

---

8 Peter D. Feaver, *Armed Servants: Agency, Oversight, and Civil-Military Relations*(Cambridge, MA: Harvard University Press, 2003)의 연구가 대표적이며, Peter D. Feaver and Christopher Gelpi, *Choosing Your Battles: American Civil-Military Relations and the Use of Force*(Princeton, NJ: Princeton University Press, 2004) 등의 연구가 있다.

적합하지 않다. 기업의 경우, 전문 경영인이 자신에게 많은 급여 및 성과급을 책정하거나 전문 경영인의 사무실이나 승용차 및 복지 등을 확대하는 행동 등은 가능하며, 합법적인 업무행위로 인정된다. 그러나 이것은 결국 대리인 비용의 일부이다.

정치 지도자들과 장교단은 큰 차이를 보인다. 법률가들이 법률적 사안에 전문성을 가지고 의료인들이 의학 문제에 전문성을 가지는 바와 같이, 장교단은 군사 문제에서 전문성을 가지며 법률가와 의료인 등과 같은 전문 직업집단(military profession)이다. 하지만 정치 지도자들은 다르다. 정치 지도자들은 정치 문제에 전문성을 가지는 전문 직업집단이며 동시에 거의 모든 사항에 대해 결정할 수 있는 권한을 가진다. 즉, 정치 지도자들은 최고 결정권한을 가지기 때문에, 전문가 집단(specialists)이 아니라 건전한 상식을 갖춘 집단(generalists)이다. 정치 지도자들은 특정 부분에 대한 전문성은 부족하지만, 거의 모든 부분에 대한 정보를 종합하며 건전한 상식에 기초하여 최종 결정권을 행사한다.

대부분의 경우에 본인과 대리인, 정치 지도자들과 장교단의 이익은 일치한다. 양자의 대립 가능성 자체는 존재하지만, 본인과 대리인은 직접적으로 대립하지 않는다. 모든 조직에서 나타나듯이, 상황은 잘 통제되며 대리인의 일탈 행위는 대부분 존재하지 않거나 성실한 대리인인 장교단은 본인인 정치 지도자의 목표를 달성하는 데 도움을 주기 위해서 최선을 다한다. 하지만 양자의 유인(誘因; incentive)은 다르며, 이러한 차이는 몇 가지 문제를 야기한다. 이러한 문제는 본인/대리인 관계에서는 제거할 수 없고, 대리인은 본인이 가질 수 있는 최선의 이익(best interest)을 추구하기보다는 자신들의 이익을 추구할 가능성이 있으며 본인은 이러한 대리인의 권한 남용/태만 행위

표 4-1
민군관계와 권한 위임

	정치 지도자	장교단
지위	본인	대리인
권한	권한 위임	권한 수임
특성	Generalist	Specialist
전문성	정치 및 정무	군사 및 안보
임무	최종 판단 및 결정	전문성에 기반한 군사적 조언

를 통제하기 어렵다.

헌팅턴이 제기한 것은 이러한 문제 가운데 가장 극단적인 것이었다. 전통적 논의에서 헌팅턴은 대리인이 본인의 권한 자체를 탈취할 가능성을 우려했고, 이러한 위험에 직면한 본인이 대리인 조직에 반격하면서 나타나는 부작용을 지적했다. 객관적 문민통제는 대리인에 대한 폭넓은 권한 위임이며 본인이 대리인의 "성실함"을 신뢰하고 "전문성"을 높이 평가하는 경우에 가능하다. 반면, 주관적 문민통제는 대리인에게 권한을 위임하지 않거나 또는 전문성보다는 정치적 신뢰성을 강조하면서 매우 제한적으로 권한을 위임하는 것이다. 하지만 모든 경우에서 대리인 비용은 발생하며, 이것은 정보의 비대칭성 때문에 나타나는 현상이므로 위임된 권한의 크기와는 무관하게 보편적으로 발생한다. 즉, 객관적 문민통제와 주관적 문민통제 두 경우 모두에 본인/대리인 문제는 존재하며, 두 문제는 서로 독립적이다. 이 때문에 문민통제의 객관/주관성을 결정하는 정치적 신뢰(political trust)와 함께, 권한 위임/수임의 문제는 민군관계를 결정하는 중요한 독립변수로 추가될 수 있다.

피버(Peter D. Feaver)는 정치 지도자들은 군사력 문제에서 전문성을 가진 장교단을 "대리인"으로 고용하고 안보를 추구하는 데 필요한 군사력 건설과 운용에 관련된 권한을 위임한다고 보았다. 여기서 정치 지도자들은 "본인"으로서 대리인을 고용하지만, 장교단은 모든 대리인과 마찬가지로 자기 자신들의 이익을 추구하며 고용주인 본인의 이익을 성실하게 이행하지 않고 자신들에게 부여된 임무 등을 회피할 유인을 가진다. 반대로 정치 지도자들은 자신들이 부여한 임무가 적절하게 수행되고 있는지를 점검해야 하며, 이를 점검하기 위해서 장교단의 업무에 관여하는 것이 필요하다. 그러나 장교단 업무에 직접적/적극적으로 관여한다면 장교단을 대리인으로 고용하고 전문성을 인정하면서 추구하는 효율성은 약화되며, 반대로 간접적/소극적으로 관여한다면 장교단은 위임된 업무에 집중하기보다는 책임을 회피한다. 정치 지도자들은 직접적/적극적 개입으로 인한 낮은 효율성과 높은 임무 집중도 또는 간접적/소극적 개입으로 인한 높은 효율성과 낮은 임무 집중도 가운데 하나의 조합을 선택해야 한다. 이것은 딜레마이며, 여기에서 최적의 단일 선택지는 존재하지 않는다.

3.2 ᅵ 본인/대리인의 불평등한 대화

그러므로 본인과 대리인은 충돌할 수 있으며, 많은 부분에서 갈등은 불가피하다. 정치 지도자들은 본인으로서 전문성이 부족한 부분에 대해서 권한을 위임하며, 자신들의 정책 목표를 실현시키기 위해 대리인으로 군 및 장교단을 "고용"한다. 한편 군사 및 안보 문제에서 전문성을 가진 군 및 장교단은—헌팅턴의 표현을 빌자면, "폭력의 전문 관리자"인 장교단은—정치 지도자들이 설정한 목표를 달성하기 위해 위임된 권한을 사용하여 필요한 군사력을 건설하고, 상황이 발생하는 경우에는 군사력 사용에 대해 전문성에 기반하여 조언한다. 이것은 매우 이상적인 상황이지만, 본인과 대리인은 행동에서의 유인이 다르기 때문에 양자의 갈등은 불가피하다.

정치 지도자들은 본인으로서 가지는 권한을 이용하여 대리인인 군과 장교단을 통제한다. 이러한 통제력은 매우 효과적으로 작동하며, 민군 갈등은 대부분 본인으로 권한을 위임했던 정치 지도자들의 승리로 귀결된다. 한국에서도 헌법과 법률에 의거하여 군통수권 자체는 대통령에 귀속되며, 1961년과 1979/80년의 예외적인 경우를 제외한다면, 군 및 장교단이 정치 지도자와 조직적으로 대립하여 승리한 경우는 없다. 대통령이 행사하는, 김영삼 대통령이 1993년 대폭 행사했던 인사권은 정치 지도자들이 승리할 수 있는 원동력이다.

이러한 측면에서 민군의 대화는 불평등하며, 이와 같은 불평등성은 본인/대리인 문제의 관점에서 필연적이다. 모든 소송 당사자는 본인의 권한으로 법정 대리인인 변호사를 해임할 수 있으며, 모든 환자는 의학전문가인 의사의 조언을 무시할 수 있다. 하지만 그에 대한 법률적 또는 의학적 책임 또한 소송 당사자, 환자처럼 본인에게 귀속된다. 코헨(Eliot A. Cohen)은 이러한 결과를 "불평등한 대화"라고 규정했다.[9] 전문성이 부족한 경우에도 민간 지도자들은 많은 노력을 통해 전문성을 축적하고, 장교단의 조직 이익 추구 등을 통제하며, 정치적 목적에 적합한 방식으로 군사력을 건설하고 전쟁을 수행해야 한다는 것이다. 정치 지도자들이 장교단의 전문적인 조언을 존중하고 군사 문제를 논의하지만, 이러한 "대화"는 평등하지 않다. 정치 지

---

9   Eliot A. Cohen, *Supreme Command: Soldiers, Statesmen, and Leadership in Wartime*(New York: The Free Press, 2002).

도자들은 자신들의 목표를 우선시할 힘을 가지고 있으며, 동시에 전쟁 문제에서 정치적 목표의 우위를 강조하는 클라우제비츠의 전통에 따라 자신들의 정치적 목표를 우선적으로 추구한다. 장교단이 군사 문제에서 전문성을 가진다면, 정치 지도자들은 정치 문제에서 전문성을 가지며 따라서 군사적 목표보다 우선시되는 정치적 목표를 달성하기 위해서는 정치 지도자들의 정치에 대한 전문성이 더욱 강조될 수 있다.

이러한 주장은 매우 논리적이다. 전쟁을 정치적 목표를 추구하기 위한 수단으로 이해한다면, 정치 지도자들은 자신들의 정치적 논리에 기초하여 수단으로의 군사력 구축에 관여할 수 있으며, 수단으로서의 전투 및 전쟁 수행에 직접적으로 개입할 수 있다. 본인의 입장에서 정치 지도자들은 자신들이 위임한 권한을 회수할 수 있으며, 동시에 자신들이 전문성을 가지는 정치 영역에서의 목표 달성을 위해 하위 수단인 전투와 전쟁 수행을 지시할 수 있다. 군사적으로는 해당 결정이 정당화되기 어렵다고 해도, 이러한 결정이 정치적 목표를 추구하는 데 필요하다면 그러한 결정과 행동 자체는 합리적이다.

하지만 이러한 경향은 다음 두 가지 위험을 내포한다. 첫째, 군사 문제에 대한 장교단의 전문적인 조언이 수용되지 않으면서 "수단" 부분에서 심각한 문제가 발생하고 이것이 정치적 목표 달성 자체를 위협하는 위험이다. 즉, 조언 자체는 적절하지만, 정치 지도자들이 어떠한 이유에서든 이러한 조언을 무시 또는 오해하고 이 때문에 문제가 발생하는 경우이다. 정치적 목표 달성을 위해 군사적으로는 비합리적인 결정을 내렸으나, 군사적 비합리성으로 인하여 정치적 목표 달성에서 실패하는 경우이다. 즉, 변호사의 조언을 수용하지 않아서 패소(敗訴)하는 경우 또는 의사의 전문적인 조언을 무시하고 자신만의 치료법을 고집하다가 사망하는 경우에 비유할 수 있다.

둘째, 군이 자신들의 전문성을 발휘하지 못하여 적절한 조언을 정치 지도자들에게 제공하지 못하는 상황이 초래되기도 한다. 맥매스터(Herbert R. McMaster)는 미국의 베트남 전쟁 참전 과정에 대한 연구에서 이러한 위험성을 강조하면서, 당시 존슨 대통령과 행정부가 사전에 참전을 결정했고, 미국 합참(JCS)은 행정부의 참전 결정을 정당화할 수 있는 조언만을 제공하면서 정책결정과정이 왜곡되었다고 주장했다.[10] 이것은 장교단이 해당 사안에 대한 군사적 전문성을 갖추지 못한 경우 또는 전문성이 있다고 해도 적절한 조언을 제시하지 않는 경우에 가능하다. 즉, 전문성이 부족하기 때문에 의사가 환자를 치료할 능력이 없고 환자의 징후가 악화되거나 또는 의사가 환자의 회복보다는 자기 자신의 경제적 이익 등을 위해 과잉진료를 하는 경우와 유사하다.[11]

즉, 민군관계에서 긴장은 항상 존재하지만, 이러한 긴장은 정치적 도전과 대립 그리고 권력투쟁에 국한되지 않는다. 민주주의 제도화 과정에서 이와 같은 긴장이 존재할 수 있으며, 한국의 경우에도 이러한 단계는 분명히 존재했다. 1961년과 1979/80년 두 번의 쿠데

---

10 H. R. McMaster, *Dereliction of Duty: Lyndon Johnson, Robert McNamara, the Joint Chiefs of Staff, and the Lies That Led to Vietnam*(New York: HarperCollins, 1997). 이 연구의 저자인 맥매스터는 2017년 현재 미국 육군의 3성 장군으로, 트럼프 미국 대통령의 안보보좌관(National Security Adviser)을 역임했다. 2018년 3월 맥매스터는 안보보좌관에서 사임했고, 동시에 전역을 신청했다.

11 특히 후자의 경우는 일반적으로는 횡령(橫領) 또는 배임(背任)에 비유할 수 있다. 이것은 일반 경제관계에서 대리인/피고용인이 본인/고용인의 이익을 성실하게 보호하지 않아서 발생하는 문제이며, 이에 대한 처벌 조항이 독립적으로 존재할 정도로 매우 흔하게 나타나는 현상이다.

타가 발생했다. 하지만 지난 30년 동안, 최소한 1987년 이후 민군관계에서의 갈등은 군의 권력 탈취 가능성과 그에 대한 두려움에서 발생하지 않았다. 오히려 문제는 권한 위임/수임과 대리인의 "불성실한 행동" 가능성에 대한 본인의 통제 본능에서 비롯되었으며, 여기서 초래되는 "불평등한 대화"의 문제였다.

3.3 │ 한국에서 나타나는 불평등한 대화

1987년 이후 한국은 문민통제가 확립되면서, 정치 지도자들이 군사 문제에 대한 최종 결정권을 행사한다는 원칙이 확립되었다. 이 때문에 장교단은 정치 지도자들의 전문 대리인 자격으로 군사력 구축과 운용에서 조언을 하고, 일단 정치적으로 이루어진 결정을 집행했다. 그리고 이와 같은 조언 및 집행은 매우 성실하게 국가 전체의 이익을 위해 이루어졌다. 전문가 집단으로서의 장교단은 특유의 직업의식(professionalism)에 기초하여 적절하게 행동했으며, 장교단 자체의 조직적인 이익만을 추구하지는 않았다. 무엇보다도 장교단은 정치 지도자들이 행사하는 최종 결정권한에 도전하지 않았으며, 그들의 판단을 수용했다.

이러한 경향 자체는 국방개혁 과정에서 잘 드러난다. 노태우 행정부의 818 국방개혁, 김영삼 행정부의 군 내 사조직 해체, 노무현 행정부의 국방개혁 2020, 이명박 행정부의 국방개혁 307 등 역대 국방개혁에서 장교단은 전문적인 조언을 제공했지만, 이러한 조언이 모두 수용되지는 않았다. 개별 사안에 따라서 그리고 정치 지도자들의 정무적 판단에 기초하여 선택적으로 수용되었으며, 무엇보다 최종적인 결정권한은 대통령으로 대표되는 정치 지도자들이 행사했다. 장교단은 이러한 결정을 수용하고 이에 적응했다. 그리고 앞으로도 이러한 경향 자체는 유지될 것이며, 변화될 가능성은 존재하지 않는다.

하지만 많은 경우에 민군관계에 대한 정치 지도자들의 이해는−특히 특정 성향의 정치 지도자들의 이해는−1950년대 헌팅턴이 제시했던 개념과 1987년 이전의 한국 특유의 경험에 기초하고 있다. 이것은 군사적으로 효율적이지 않으며, 안보적으로 부적절하고, 정치적으로 불행한 상황이다. 2017년 현재 상태에서 주목해야 하는 민군관계의 문제점은 객관적/주관적 문민통제의 선택이 아니라, 정치 지도자들이 장교단에게 위임한 권한을 적절하게 통제하고 대리인의 성실한 임무 수행을 유도하는 것이다. 하지만 헌팅턴 모형에 기초하여 극단적 상황을 우려하는 민군관계에 대한 인식은 다음과 같은 두 가지 문제를 유발하며, 정치 지도자들과 장교단은 불평등한 대화에서 각각 다른 부분에 집중할 것이다.

첫째, 헌팅턴이 제시한 문민통제에 집착한 나머지 정치 지도자들은 대화의 "불평등성"을 강조할 위험이 있다. 즉, 민주적 정치권력에 대한 도전 가능성이 사라진 상황에서−직접적으로 "총구의 관리"에 집중할 필요가 없는 상황에서−"총구 관리"에 집중하고 "총구에 대한 최종 권한"을 강조할 수 있다. 이렇게 되면 정치 지도자들은 전문가 집단과의 대화 또는 전문가 집단의 조언을 의도적으로 무시하고 자신들의 최종 결정권을 과시하고자 행동한다. "불평등한 대화"에서 대화 부분은 사라지고 불평등 부분을 의도적으로 강화하며, 자신들의 판단을−그러한 판단이 전문가의 조언에 기초한 것이 아니라고 해도−추진하고 집행하게 된다. 그 결과는 비효율적이며 부적절하다. 이것은 비극이며, 무엇보다 피할 수 있는 결과라는 측면에서 더욱 비극적이다.

둘째, 장교단의 입장에서는 "대화"를 강조할 것이다. 하지만 최

제2부 한국 민군관계와 대한민국 육군

종 결과가 "불평등"할 것이라고 예측하기 때문에, 장교단은 본인/의뢰인/국가의 이익을, (그리고 장교단 조직의 이익을 위해) 결과의 공평함을 의도적으로 유도할 것이다. 그리고 이러한 목표를 달성하기 위해 자신들의 전문성을 악용할 위험이 있다. 즉, 최종적으로 결과가 "불평등"한 환경에서, 대리인들은 자신들의 전문성을 이용하여 정보를 왜곡하고, 이를 통해 최종 결과를 가능한 한 덜 "불평등"하게 만들려고 노력한다. 이것은 군사적으로 비효율적이고, 안보적으로 위험하며, 무엇보다 정치적으로 불행하다.

4 | 민주화 이후의 한국 민군관계의 발전 방향: "평등한 대화, 불평등한 권한"을 위하여

그렇다면 한국에서 민군관계의 발전은 어떠한 방향으로 이루어져야 하는가? 2017년 현재 시점에서 한국은 "총구의 관리" 부분에서는 더 이상 우려할 사항이 없으며, 이에 대한 신념 자체는 확고하다. 여기에 한국 육군은 지난 30년 동안 이와 관련해 핵심적인 기여를 했으며, 그 덕분에 2017년 현재 우리는 1987년에는 상상하기 어려웠던 높은 수준의 민주주의를 향유하고 있다. 이제 군에 대한 정치적 신뢰를 유지할 수 있으며, 이것은 정치적인 결정 사항이 아니라 공리적으로 수용할 수 있는 사항이다. 이런 식으로 민주주의 국가인 한국이 직면한 민군관계와 그에 수반된 문제는 지난 30년 동안 변화했다.

새롭게 등장한 민군관계의 문제는 이전과는 달리 문민통제의 형태에 대한 것이 아니다. 헌팅턴은 객관적 문민통제와 전문가 집단인 장교단에 대한 자율성 보장을 강조했다. 하지만 민군관계를 권한 위임/수임의 측면에서 바라본다면, 특히 객관적 문민통제가 확립된 이후 민군관계에 대한 인식이 변화하지 않는 경우에는 많은 문제가 존재한다. 민군관계의 많은 문제들은 본인/대리인 관계 일반에서 나타나는 문제들과 유사하며, 따라서 본인/대리인 문제에 대한 해결책에서 출발해야 한다.

그럼에도 불구하고 안보 문제를 다룬다고 하는 민군관계의 특수성이 보장되어야 하며, 이를 통해 본인/대리인 관계에서는-정치 지도자와 장교단의 관계에서는-평등과 불평등이 동시에 보장되도록 주의를 기울여야 한다. 이러한 측면에서 코헨이 강조했던 "불평등한 대화"는 많은 문제가 있다. 무엇보다도, 민군(民軍)의 대화는 평등해야 하며, 최종 결과가 "불평등"하도록 규정되어서는 안 된다. 불평등한 것은 대화의 결과 또는 최종 선택 자체가 아니라 대화에 참여하는 사람들이 가지는 결정권한이다. 민군의 대화는 기본적으로 본인과 대리인의 대화이며, 최종 결정권을 가진 본인과 제한된 권한을 위임받은 대리인 사이의 대화이다. 이와 같이 권한에서의 불평등성 자체는 민주주의 국가의 민군관계의 핵심이며 본질이다. 따라서 이것은 훼손될 수 없으며, 약화되어서는 안 된다.

그 대신에 변화 또는 개선 가능한 부분은 대화 부분이며, 이것은 평등할 수 있다. 즉, 본인과 대리인은 상대방을 존중하고 신뢰해야 한다. 정치 지도자들은 장교단의 전문성을 존중하고 그에 기초한 조언을 최종 결정에 참고해야 한다. 한편, 장교단은 정치 지도자들의 최종 결정권한을 인정하고 그들의 정치적 판단력을 신뢰해야 한다. 이러한 태도는 민군의 건강한 대화를 가능하게 하는 전제조건이며, 조언에서의 왜곡과 결정권한의 남용을 막을 수 있는 사실상 유일한 방법이다.

이를 통해 민군관계는 "평등한 대화, 불평등한 권한(Equal Dialogue, Unequal Authority)"의 방향으로 발전해야 한다.[12] 즉, 최종 결정권한 자체는 불평등하게 정치 지도자들에게 집중되어 있다 하더라도, 대화 자체는 평등하게 이루어져야 한다. 그리고 이러한 대화에서의 평등함이 보장되어야만, 본인/대리인 사이에서 발생하는 부작용 등이 최소화되며 민군관계의 정립이 가능해진다.

"평등한 대화, 불평등한 권한"을 실현하기 위해서는 다음과 같은 두 가지 부분에서 변화가 필요하다. 첫째, 정치 지도자들은 민군관계의 공고함에 대한 확고한 신념을 가지고 있어야 한다. 헌팅턴이 강조했던 객관적 문민통제가 실현되었으며 한국의 민군관계가 이미 성숙되었고, 이른바 "총구의 관리" 측면에서는 완벽하다는 사실을 인식할 필요가 있다. 따라서 권한의 위임 측면에서 민군관계를 살펴보는 것이 필요하며, 이를 위해서는 권한에서는 평등하지는 않지만 대화에서는 평등할 수 있고 평등하여야 한다는 사실을 수용해야 한다. 이것이 필수적이다. "평등한 대화"는 안보의 핵심이며, 정책 결정의 투명성을 보장하는 가장 효과적인 방법이다.

둘째, 장교단은 민주주의의 안보적 공고함에 대한 신념을 확립해야 한다. 많은 경우 장교단은 본인의 안전을 위해 대리인으로서 주어진 권한을 넘어서는 행동을 하게 된다. 이러한 행동은 좋은 의도에서 시작되었다고 할지라도 그 행동 자체는 월권(越權)행위이며, 이러한 월권행위는 정치 지도자들의 의심을 초래한다. 이것은 위험하며,

---

12   Richard K. Betts, "Are Civil-Military Relations Still a Problem?", Suzanne C. Nielsen and Don M. Snider(eds.), *American Civil-Military Relations: The Soldier and the State in a New Era*(Baltimore, MD: The Johns Hopkins University Press, 2009), pp. 11~41.

용납될 수 없다.

　이와 같은 상황을 예방하기 위해서는 "불평등한 권한"과 그에 수반되는 "위험"을 수용해야 한다. 이것이 헌팅턴의 딜레마이다. 헌팅턴은 소련과의 경쟁에서 자유주의/민주주의 미국이 승리할 가능성이 높지 않다고 보았고, 이 때문에 미국 정치체제와 사회를 구성하고 있는 자유주의/민주주의 원칙으로부터 상대적으로 독립적인 군사조직이 필요함을 강조했다. 하지만 1957년이 아니라 2017년 현재 우리는 자유주의/민주주의 원칙에 기초한 정치체제가 대부분의 전쟁에서 승리하며 매우 강력한 군사력과 안보정책을 추진할 능력을 가진다는 사실을 경험적으로 알고 있다. 따라서 "불평등한 권한"은 큰 문제가 되지 않는다. 민주주의 국가가 승리한다는 사실은 민주주의 국가가 가지는 군사적 취약성이 일반적으로는 크지 않다는 사실을 보여준다. 이것은 한국에서도 적용되며, 한국의 민주주의와 안전을 보장하는 가장 중요한 정치적 특성이다.

제2부 한국 민군관계와 대한민국 육군

제5장

민주주의와 시민의 병역 의무, 그리고 민군관계

공진성

1 │ 서론

민주주의는 군대를 필요로 할까? 군대 없는 국가, 심지어 국가 없는 사회를 꿈꾸는 급진적 평화주의자와 무정부주의자가 아닌 한, 국가에는 방어를 위한 군대가 필요하고 그런 국방의 토대 위에서 민주주의도 작동할 수 있다는 것에 누구나 동의할 것이다. 그러나 한국에는 군대가 마치 민주주의에 반하는 것처럼 여겨지는 경향이 있다. 아무런 이유 없는 오해는 아니지만, 부당한 오해임에는 분명하다. 한국 현대사 속의 정치적 질곡 탓에 많은 사람들은 군대를 민주주의와 대립하는 것으로, 그리고 정치적 자유와 시민의 병역 의무를 대립적인 것으로 오해하곤 한다. 그래서 군대와 사회의 관계에 관한 여러 가지 생산적 논의가 이루어지기 위해서도 군대가 민주주의와 필연적으로 대립하는 것이 아님을, 더 나아가 군대의 국민화가 국가의 국민화로, 그리고 국가의 민주화로 이어졌음을 밝히는 것이 필요하다. 이는 역사적 고찰을 통해 밝혀져야 할 것이다.

군대가 민주화의 역사와 밀접하게 연관되어 있다는 사실은 그러나 논의의 끝이 아니라 논의의 시작이다. 민주주의를 어떻게 이해하느냐에 따라 다시 군대와 사회가 어떤 관계를 맺어야 하는지에 관한 생각이 달라지기 때문이다. 서양의 경우, 고대와 근대 초기에는 군대가 시민들 자신에 의해 직접 운영되어야 한다는 공화주의적 시각이 지배적이었다면, 사회의 분화가 이루어지고 시장 경제가 발전한 근대 이후에는 기능적 분업의 원칙에 따라 군대 역시 전문가들에 의해 운영되어야 한다는 자유주의적 시각이 지배적이게 되었다. 군대와 시민의 병역 의무를 바라보는 두 개의 상이한 시각은 민주주의를 보는 시각과도 연결된다. 공화주의적 시각이 민주주의를, 루소의 글에서 잘 드러나듯이, 시민들이 정부에 직접 참여하는 것으로 이해한다면, 자유주의적 시각은 민주주의를, 로크나 밀의 글에서 잘 드러나듯이, 선출된 대표자들이 정부를 운영하는 것으로 이해한다.

사회는 군대에 대해 재정적 통제력과 정치적 통제력을 가지는 것으로 충분할까, 아니면 물리적 통제력도 가져야 할까? 즉, 군대의 운영에 필요한 세금만 내고 그 직접적 운영은 전문가들에게 맡기고 다만 정치적 대표자들을 통해 간접적으로 통제만 하면 되는 걸까, 아니면 모든 시민이 적어도 일정 기간 동안 군인이 되어 직접 복무하고 관여하는 것이 필요한 걸까? 이것이 민주주의와 관련해 가지는 의미는 또 무엇일까? 이런 질문들에 답하는 것은 결코 쉽지 않다. 왜냐하면, 군대와 병역이 순전히 국내적 문제와만 관련된 것이 아니기 때문이다. 군대와 병역 제도의 운용 문제는 전쟁의 수행 방식의 변화와 매우 긴밀하게 연결되어 있을 뿐만 아니라, 그것을 바라보는 우리들의 시각도 각종 군사적·비군사적 변화의 영향을 받기 때문이다.

이 장은 먼저 민주주의와 병역의 관계를 역사적·이론적으로 고찰함으로써 한국 사회에 퍼져 있는 오해를 바로잡고 그 관계에 대한 정확한 이해를 도모하여 민군관계에 대한 재인식에 기여하고자 한다. 또한 병역과 민주주의를 이해하는 두 가지 시각, 즉 공화주의적 시각과 자유주의적 시각이 서로 어떻게 다르며, 이 상이한 시각이 현대 한국 사회에서 민주주의와 병역의 문제를 이해하는 사람들의 생각 속에 어떻게 뒤섞여 있는지를 드러내 보임으로써, 문제에 대한 해결책을 제시하기보다, 문제 해결의 어려움이 어디에서 기인하는지를 확인하고자 한다. 문제 해결의 실마리는 사실을 직시할 때에 비로소 찾을 수 있게 될 것이다.

2 │ 민주주의와 병역: 역사적 개요

민주화는 단순히 민주주의를 바라는 사람들의 마음과 실현하려는 의지, 요구만으로 이루어지지 않았다. 민주화는 언제나 기존의 지배 집단에게는 권력의 상실을 의미했기 때문에 지배 집단의 강한 저항을 야기했다. 그러므로 민주화가 이루어지기 위해서는 그들이 권력을 전부 또는 일정 부분 포기하지 않으면 안 되게끔 강제하는 강력한 필연성이 내부에서는 물론이고 외부에서도 부과되어야 했다. 전쟁은, 내전이건 국제전이건 간에, 그 필연성 가운데 가장 강력한 것이었다. 그것에 의해 민주화 요구를 억압하려는 지배 집단의 자연적 경향은 상쇄되었다. 민주주의의 성립 조건으로서 교과서들은 흔히 정치적, 경제적, 사회적, 정신적 조건 등을 언급한다. 이런 조건들이 갖추어져 있을 때 민주화에 대한 강력한 요구가 안으로부터 생겨날 수 있는 것은 사실이다. 그러나 여기에 더해 그 요구를 억누르려는 지배 집단의 경향을 무력화하는 강한 내·외부의 힘이 필요한데, 역사적으로 볼 때 거의 언제나 전쟁이 그 힘의 역할을 했다.

아테네의 민주화는 군사적 필요가 경제적 변화에 의해 생겨난 민주화 요구를 지배 세력으로 하여금 받아들이게 했음을 보여준다. 민주화 이전의 아테네에서 귀족 계급의 권력 독점은 그들이 가진 경제적 능력이 군사적 기여로 이어지고, 다시 그것이 정치적 발언권으로 이어진 결과였다. 경제적 변화, 즉 부의 증가는 군사적으로 기여할 수 있는, 그러므로 또한 정치적으로 참여할 수 있는 계층의 폭을 넓혔다. 결정적으로 그 참여의 폭을 넓힌 계기는 전쟁 수행 방식의 변화에서 비롯했다. 그리스와 페르시아 사이의 전쟁은 해군력을 중요하게 만들었고, 이것이 "전함에서 노를 젓는 평민들의 정치적 영향력을 결정적으로 높이는 계기"가 되었다.[1] "노가 달린 3단노선(갤리선)의 노 젓는 이들이 [제4계층인] 테테스 계층에 의해 주로 충원되었기 때문이다." 해군력 강화의 필요성이 아테네의 민주화를 가능케 했고, 민주정에서 누리는 시민들의 평등한 자유가 또한 아테네의 군사적 힘을 강하게 만들었다. "크고 작은 공직이 모든 시민에게 열려 있는 조국에 대한 아테네 시민들의 남다른 애착심이 목숨을 걸고 나라를 지키게 만들었"는데, "나라를 지키는 것이 곧 자신의 자유를 지키는 것이나 마찬가지였기 때문"이었다.[2] 적어도 페리클레스를 비롯한 아

---

1   서병훈, 「아테네 민주주의에 대한 향수: 비판적 성찰」, 전경옥 외, 『서양 고대·중세 정치사상사』(책세상, 2011), 41쪽.

2   같은 글, 46쪽.

테네 민주정의 지지자들은 그렇게 생각했다.[3]

역사 속에서 전쟁을 통해 다시 한 번 평민들이 평등한 권리를 가진 존재로 부상한 것은 프랑스 혁명 이후이다. 18세기까지 전쟁은 기본적으로 제한전쟁이었다. 제한된 사람들이, 제한된 목적을 위해, 제한된 수단을 가지고 벌이는 전쟁이었다. 이런 전쟁 관념과 전쟁 수행 방식은 당시의 신분사회 관념에 상응하는 것이었다. 이 제한을 넘어서야 한다는 주장들이 군사적 필요 때문에 유럽의 여러 군사전략가들에 의해 제기되었지만, 당대의 신분적 관념의 벽을 넘어 실현되지는 못했다. 혁명에 의해 프랑스의 구체제가 무너지고 귀족 중심의 군대에서 소요가 일어나서 귀족 출신 장교들이 외국으로 망명하자 자연스럽게 평민들이 그 자리를 차지함으로써 기존의 군대가 사실상 '국민화'했고, 이후에 혁명의 주도세력들이 국민방위군을 창설함으로써 군대의 국민화 작업은 본격적으로 시작됐다.[4] 혁명의 확산을 두려워한 주변 국가들이 프랑스를 공격해오자 이에 맞서 싸우기 위해 혁명 정부는 병력을 증가시켜야 할 필요를 느끼고 명실상부하게 군대를 국민화했다. 1793년 8월 23일, 프랑스 혁명 정부는 국민총동원령을 선포하여 18~25세의 모든 미혼 남성을 징집했다. 이로써 무려 75만 명의 병력이 현역으로 동원되었다.[5] 역사상 처음으로 국민

---

3 그리스와 페르시아 간의 전쟁은 민주정의 주체가 되는 '데모스'의 의미를 우매한 존재(우중)에서 다수의 평등한 존재(다중)로 바꿔 놓았다. 실제로 그들이 전쟁에서 한 사람의 몫을 감당할 수 있었기 때문이다. 이런 의미 변화 과정을 윤비, 「고대 헬리스 세계에서 민주주의(demokratia) 개념의 탄생: 헤로도토스 "역사" 제3권의 이성정부논쟁을 중심으로」, ≪사회과학연구≫ 22권 2호(2014), 42~67쪽은 고대 그리스의 문헌들 속에서 추적하고 있다.

4 박상섭, 『근대국가와 전쟁』(나남, 1996), 196~197쪽.

5 같은 책, 199~200쪽.

개병제가 등장하는 순간이었다. 이것이 의미하는 바를 클라우제비츠는 다음과 같이 표현했다.

> 1793년에는 상상할 수도 없었던 엄청난 군사력이 나타났다. 전쟁이 느닷없이 다시 인민이 해야 할 일이 되었으며, 그것도 스스로를 모두 시민이라고 생각하는 3천만 인민의 일이 되었다. …… 인민이 전쟁에 참여하게 되었으니 이제 정부와 군대 대신에 전체 인민이 그 자연스러운 힘을 지닌 채 전쟁의 저울판에 오르게 되었다. 이제는 쓸 수 있는 수단과 끌어낼 수 있는 노력에 일정한 제한이 있을 수 없게 되었다. 전쟁 자체는 엄청난 힘을 갖고 수행될 수밖에 없었고 이 힘을 막을 것은 아무것도 없었으며, 그 결과 이제 적의 위험은 극단적인 것이 되었다.[6]

프랑스 군대의 국민화는 대칭적 방식으로 수행되는 전쟁을 통해 다른 나라 군대의 국민화를 촉발했다. 물론 처음에는 강고한 신분사회 관념이 그것을 가로막았다. "왕국을 위해 자신을 희생할 수 있는 덕성은 귀족만이 가지고 있는 것"이라거나 "부르주아지에게 장교직을 허용하는 것은 '군대를 망치는 첫걸음'"이라는 생각이 왕을 비롯한 귀족들 사이에서 지배적이었다.[7] 프로이센 군대의 민주화, 즉 군제의 개혁을 가로막았던 지배 계급의 보수적 저항을 부분적으로 무력화한 것은 결국 전쟁에서의 패배가 가져다준 긴박성이었다. 프랑스 군대에 의해 굴욕적인 패배를 맛본 후에야 비로소 승인된 프로이

---

6   카를 폰 클라우제비츠, 『전쟁론』, 김만수 옮김(전3권, 갈무리, 2009).

7   박상섭, 『근대국가와 전쟁』, 189~190쪽.

센의 군사개혁안은 다음과 같은 선언으로 시작된다.

> 이제부터 장교직에 대한 요구는, 평시에는 지식과 교육, 전시에는 예외적 용기 및 명민한 통찰력을 바탕으로 [하여] 보장될 것이다. 따라서 이러한 자질을 보유하는 국민 각자는 군대의 최고 직책을 차지할 수 있다. 지금까지 존재했던 모든 사회적 차별은 이제부터 군대 안에서 종식될 것이며, 각자는 자신의 배경에 관계없이 동일한 의무와 동일한 권리를 가진다.[8]

프로이센의 개혁적 장교들이 추구하던 국민개병제의 이상은 해방전쟁을 계기로 하여 1813년에 마침내 실현되었다. 그러나 그 즉시 전쟁과 군대가 귀족들의 전유물이기를 멈춘 것은 아니었다. 왜냐하면, 누구를 온전한 국민, 곧 시민으로 간주하느냐에 따라 '국민개병제'는 다르게 운용될 수 있기 때문이다.

19세기에 군주의 권력이 헌법을 통해 제한되면서 완전한 시민권을 어떤 조건과 연계해 부여할 것이냐가 논쟁의 대상이 되었는데, 이와 관련해 세 가지 모델이 경쟁했다. 하나는 귀족의 입장으로서 시민권을 어디까지나 토지재산의 보유와 연결해야 한다는 보수주의적 모델이었다. 다른 하나는 신흥 부르주아의 입장으로서 시민권을 (동산이든 부동산이든 간에) 재산 자체의 보유와 연결해야 한다는 자유주의적 모델이었다. 그리고 마지막 하나는 소시민계급과 하층민의 입장으로서 시민권을 "국방이 필요한 경우 '목숨을 걸고' 조국과 조국 영토의 수호에 나서려는 자세"의 보유와 연결해야 한다는 공화주의적·민주

---

8   같은 책, 210쪽.

주의적 모델이었다.[9] 보수주의자들은 귀족의 지배적 권력을 유지하기 위해 자유주의자들을 공화주의자들 및 민주주의자들로부터 떼어놓으려고 했다. 귀족들의 지배적 권력을 무너지게 만든 것은, 그리고 유산시민계급(자유주의자들)과 무산계급(공화주의자들 및 민주주의자들)의 동맹을 가능하게 한 것은 제1차 세계대전이었다. 대중으로 하여금 무기를 잡도록 촉구하지 않고서는 이 전쟁을 치를 수 없을 것이라는 점이 분명해졌을 때, 귀족들은 무산계급을 포함한 대중의 군사적 참여를 허용하지 않을 수 없었고, 귀족들의 고유한 영역에서 자신들이 귀족들과 동등하다는 것을 증명하고 싶었던 시민계급과 무산계급은 '조국의 적들'을 물리치기 위한 전쟁에 자발적으로 참여했다.[10] 이렇게 독일의 군대는 국민화/민주화했다.

군대의 국민화/민주화가 그 자체로서 국가와 사회의 민주화를 의미하는 것은 아니다. 그러나 국가의 민주화는 먼저 국가의 국민화를 필요로 했고, 그것은 다시 군대의 국민화/민주화를 필요로 했다. 일정한 영토 안에 살고 있는 사람들이 하나의 국민으로서 거듭나기 위해서는 대외적 적대를 통한 주민 전체의 대규모 동원이 있어야 했다. 이 과정에서 군대는 점차 개방되어 (남성)국민 자체가 되었고, (남성)국민은 마침내 국가를 지키는 군대가 되었다. 베버가 정의한 '정당한 폭력의 독점체'로서의 근대국가는 바로 이렇게 탄생했다. 근대 국민국가가 그 자체로서 민주국가는 아니지만, 그것은 민주주의를 내포하며, 결국 민주주의를 낳는다.[11] 이 과정을 가야노 도시히토(萱野

---

9   헤어프리트 뮌클러, 『파편화한 전쟁』, 장춘익·탁선미 옮김(곰출판, 2017), 114쪽.

10   이에 관해서는 같은 책, 116~117쪽 참조.

11   오늘날 민주주의의 후퇴를 경험하고 있는 또는 민주화 자체를 제대로 시작하지
     못하고 있는 많은 나라들이 근대적 의미의 '국가성(Staatlichkeit)' 자체를 갖추

稔人)는 이렇게 설명한다.

> 주민은 국가의 폭력을 담당하게 되면서, 차츰 국가의 결정에—
> 형식적이기는 해도—참여할 수 있는 자격을 부여받는다. 국가기구
> 의 직책이 주민들에게 개방되거나 보통선거제가 제정되는 것도 이
> 런 과정 속에서이다. …… 국민국가는 그 형성과정을 통해서 주민들
> 을 문화적으로 통합시켜 나아가는 동시에, 신분적인 울타리를 제거
> 함으로써 형식적이기는 해도 평등주의를 실현해왔다. 다시 말해서
> 주민들에게 국가의 폭력 실천에 투신하도록 강요하는 대가로 정치
> 적인 것에 대한 평등한 접근을 보장했다. 이 평등주의가 국민국가의
> 보편성을 떠받친다. 국민주의가 민주주의의 실질적인 기초로 간주
> 되는 이유도 바로 여기에 있다.[12]

3 | 병역을 바라보는 두 가지 시각

병역을 바라보는 시각은 개인적 수준에서 보면 사람이 다양한
만큼 한 사회 내에서도 다양하고 경쟁적이지만, 사회적 수준에서 보
면 어느 정도 동일성과 지속성을 가지며 누구 한 사람의 시각이 바뀌
듯이 쉽게 바뀌지 않는다. 그러나 역사적으로 보면 세상의 변화와 함

고 있지 못함은 주목할 만한 사실이다. 이 나라들에서는 폭력의 합법적 사용이
여전히 국가와 국민에 의해 독점되어 있지 않고, 그렇기 때문에 또한 반복해서
'새로운 전쟁'이 발발하고 있다. 이에 대해서는 헤어프리트 뮌클러, 『새로운 전
쟁』, 공진성 옮김(책세상, 2012)을 참고하라.

12 가야노 도시히토, 『국가란 무엇인가』, 김은주 옮김(산눈, 2010), 166~167쪽.

께 병역을 바라보는 지배적 시각은 변해왔고, 그와 함께 동원의 기제 역시 변해왔다.[13] 그러나 그것이 단절적으로 변해온 것은 아니다. 다시 말해, 하나의 지배적 시각이 등장하면서 다른 시각들이 사라진 것은 아니다. 세상의 변화 속에서 지배적 시각이 교체된 경우에도 여전히 다른 시각들은 부분적으로 사람들에게 영향을 끼치며, 그리고 그럼으로써 지배적 시각에 도전하며 존속해왔다.

세상의 변화는 여러 가지를 의미한다. 생산 양식의 변화를 의미하며, 그와 함께 나타나는 사회의 기능적 분화를 의미하고, 정부의 성격 변화를 의미하며, 경제적 성장과 발전을 의미하고, 또 전쟁에서 인간이 이용되는 방식, 즉 전쟁 수행 방식의 변화를 의미한다. 그러나 이런 세상의 변화가 곧바로 동원의 방식에 변화를 가져오지는 않는다. 세상의 변화는 먼저 인간에 의해 다른 의미를 가지는 것으로서 해석되어야 한다. 병역에 관한 토론, 즉 병역을 바라보는 시각의 충돌은 그러므로 세상의 변화에 대한 해석 경쟁이다.

병역을 바라보는 시각은 크게 셋으로 나눌 수 있다. 공화주의, 자유주의, 그리고 급진주의이다.[14] 여기에서 '급진주의'라는 명칭은 다분히 편의적인데, 그 안에 마르크스주의, 평화주의, 페미니즘 등이 모두 포함될 수 있다. 병역의 문제를 이른바 '급진적으로' 바라보는 시각들이다. 급진주의는 비교적 현대적인 시각이다. 세상의 변화와

---

13 병역에 대한 피지배자의 생각은 기본적으로 억압과 강제일 수 있고, 그런 의미에서 이 장에서 논하는 병역을 바라보는 시각이 기본적으로 '지배'의 시각일 수 있다. 다만 여기에서 주장하고자 하는 바는 지배의 시각 속에서도 지배적인 시각이 바뀐다는 것이다.

14 토지를 보유한 귀족들의 특권으로 보는 이른바 보수주의적 시각은 현대 사회에서 거의 의미가 없으므로 이 장에서는 다루지 않는다.

그에 대한 새로운 해석이 반영되어 있는 시각이다. 그러나 새로운 해석이 반드시 지배적인 해석이 되는 것은 아니기 때문에, 급진주의 역시 비교적 새로운 시각이지만 (적어도 아직까지) 지배적인 시각은 아니다. 여기에서는 급진주의적 시각을 제외한 볼그하드적 시각과 자유주의적 시각만 다루고자 한다.

병력 자원의 급격한 감소를 앞두고 최근 십여 년 사이에 반복해서 제기되고 있는 모병제 논의를 보면 자유주의적 시각조차 한국에서는 비교적 새로운 시각임을 알 수 있다. 당연하게도 이 자유주의적 시각은 개인주의, 시장경제, 사회의 기능적 분화와 분업, 사회에 대한 국가의 최소 개입 등의 생각과 연관된다. 한국 사회에서 이미 어느 정도 규범으로 자리 잡은 것처럼 보이는 이런 원칙들이 병역과 관련해서는 아직 지배적인 원칙이 아님을 생각하면, 사회의 변화가 매우 다양한 층위에서 상이한 속도로 이루어진다는 것을, 그리고 정치문화와 관련된 근본적 층위에서 한국 사회가 그리 많이 근대화하지 않았다는 것을 우리는 알 수 있다.

병역을 바라보는 가장 오래된 시각은, 그리고 한국 사회에서 여전히 (적어도 규범적 차원에서) 지배적인 시각은 공화주의이다. 얼핏 강제 징집이라는 현실이, 그리고 부유층의 은밀한 병역 기피 현실이 공화주의 이념과 모순되는 것처럼 보이기도 하지만, 국민개병제를 옹호하는 논리나 병역 기피를 비판하는 논리의 상당 부분은 공화주의적이다. 그 핵심은 병역 의무의 자발적 이행을 통해 드러나는 (또는 비록 어느 정도 강제적일지라도 그 이행을 통해 함양되는) 시민의 덕성에 대한 강조이다. 그러나 이 공화주의적 시각은 점차 약해지고 있으며 지배집단이 얻는 이익을 감추기 위한 기만적인 구호처럼 여겨지고 있다.

병역과 관련한 현실은 이 세 가지 경쟁하는 시각과 복잡하게 얽

혀 있으며, 각 사람은 이 세 가지 시각이 모호하게 섞인 시각을 가지고서 병역과 관련한 현실을 바라본다. 여기에서는 병역 문제에 대한 우리의 논의를 생산적인 것으로 만들기 위해 가능한 대로 이 세 시각을, 편의상 먼저 두 시각만을, 뚜렷하게 구분하여 묘사하고, 각각의 시각이 어떤 정치 이론과 연관되며 어떤 사회 현실에 주목하는지를 밝히려고 한다.

3.1 | 공화주의적 시각

"누가 군인이 되어야 하는가?"라는 질문에 공화주의는 "모든 시민이 군인이 되어야 한다!"라고 대답할 것이다. 여기에서 방점은 '모든'보다 '시민'에 찍혀야 할 것이다. 시민과 국민이 제대로 구분되지 않고, (외국인이 아닌 경우) 나이를 먹기만 하면 저절로 시민이 되는 곳에서 '시민'이라는 주체의 의미가 제대로 인식되기는 어렵다. 그러나 공화주의적 시각에서 볼 때 정치적 의미의 '시민'은 자연적 의미의 '인간'이나 행정적 의미의 '국민'과 구별된다. 그리고 시민이 되는 과정에서 '군인이 되는 것'은 매우 중요한 의미를 가진다. 군인이 되는 것은 시민 자격을 갖추었음을 증명하는 일이고, 또한 시민 자격을 얻기 위한 일종의 통과의례이다. 그러므로 군인이 되는 것은 매우 명예로운 일이며 시민만이 누릴 수 있는 특권이다.

전근대 세계에서 군사적 활동은 대개 지배계급의 전유물이었다. 국가 자체가 그들의 것이었기 때문에 그들이 자기 것을 스스로 지키는 것은 당연했다. 그러므로 군사적 영광도 그들 차지였다. 주인의 군사적 활동을 돕기 위해 어차피 목숨이 자기 것이 아닌 종과 노예들이 전쟁에 참여했지만, 그들은 주인과 그 영광을 나눌 수 없었다. 군사적 영광과 승리의 기쁨은 어디까지나 전쟁에 자발적으로 참여한 자유인들의 것이었다. 자유는 군사적 활동의 이유이자 목적이었다. 자유롭기 때문에 그 자유를 지키기 위해 싸우는 것이다. 그러므로 무기를 드는 것은 자유의 표현이자 그 자유를 지킬 능력, 곧 덕의 표현이었다. 이런 정신 속에서 17세기의 네덜란드인 스피노자는 다음과 같이 말했다.

> 신민이 두려움 때문에 놀라서 무기를 잡지 않는 국가는 평화를 가진 국가라기보다 그저 전쟁이 없는 국가라고 말할 수 있다. 왜냐하면, 평화는 전쟁의 부재(不在)가 아니라, 영혼의 강인함에서 생겨나는 덕(virtus)이기 때문이다.[15]

공화주의는 전통적으로 전쟁 또는 군사적 활동을 현대인이 생각하는 것처럼 부정적으로 보지 않았다. 단순히 전쟁이 없는 상태를 평화라고 보지 않고, 오히려 전쟁 속에서 평화를 추구할 수 있다고 보았다. 공화주의적 시각에서 중요한 것은 전쟁이냐 아니냐가 아니라, 예속이냐 자유이냐이기 때문이다. 그래서 때로는 자유를 지키기 위해 전쟁이 불가피하며, 더 나아가 팽창이 필연적이라고까지 생각한다. "다수의 국가들 사이에서 자국의 이익을 추구하기 위한 경쟁은 대립과 갈등을 낳고 결국 전쟁을 불러오는데, 이때 전쟁에서 생존하기 위해서는 싫든 좋든 [간에] 전쟁에서 이기고 스스로 팽창해야 한다"는 것이다.[16] 이 필연적 팽창이 강한 군대의 필요성을 제기한다.

---

15 Benedictus de Spinoza, *Tractatus Politicus* in *Opera Posthuma* (Amsterdam, 1677), 5장 4절.

그렇다면 과연 어떤 군대가 강할까? 마키아벨리(Niccolò Machiavelli)는 이 문제와 관련해 병역에 대한 공화주의적 시각의 형성에 지대한 영향을 끼쳤다. 『군주론』 12장과 13장에서 마키아벨리는 군대의 종류에 관해 논하면서 이 문제를 다룬다. 결론부터 말하자면, 강한 군대는 "자신의 군대" 또는 "자신의 무력"이다.[17] 그것은, 다시 말해, "자국의 신민 또는 시민, 아니면 자신의 부하들로 구성된 군대"이다.[18] 그것은 당연히 '남의 무력', 곧 용병이나 원군(援軍)에 반대되는 것이지만, 또한 상비군에 반대되는 것이기도 하다.

전통적으로 공화주의자들은 상비군, 즉 직업 군인과 용병을 비판해왔는데, 그것은 자기의 신민을 잠재적인 적으로 간주하는 전제적 지배자에 대한 비판이기도 했다. 적으로부터 자기를 지키기 위해 상비군을 두는 지배자는 그 상비군을 유지하기 위해 피지배자를 수탈하게 마련이고, 상비군을 활용하기 위해 전쟁을 벌여 다시 피지배자의 평화로운 삶을 파괴하고, 그럼으로써 결국 자기의 신민을 적으로 만들게 된다는 것이다. 그런 지배자는 피지배자를 두려워하여 다시 상비군을 강화하고, 그러면서 불신의 악순환은 계속된다. 그래서 마키아벨리는 지배자와 피지배자의 이해관계를 일치시켜 불신의 악순환을 끊으라고 다음과 같이 조언한다.

신생 군주들은 신민들의 무장을 결코 해제시키지 않았습니다. 반대로 신민들이 무장을 갖추지 않았으면, 그들은 항상 신민들에게

---

16 김경희, 『공화주의』(책세상, 2009), 63쪽.
17 니콜로 마키아벨리, 『군주론』, 강정인·김경희 옮김(제4판 개역본, 까치, 2015), 98쪽.
18 같은 책, 98~99쪽.

무기를 제공했습니다. 왜냐하면 당신이 그들을 무장시킬 때, 그들의 무기는 실상 당신 자신의 것이 되기 때문입니다. 당신을 불신하던 자들은 충성스럽게 되고, 원래 충성스러운 자들은 그대로 충성을 지키며, 신민들은 열성적인 지지자로 변모합니다.[19]

상비군을 둘 경제적 여유가 없어서 지배자가 필요할 때에 용병을 고용하는 경우도 상황은 크게 다르지 않다. 이 나라 저 나라를 떠돌아다니며 돈을 받고 싸우는 용병에게서 충성심을 기대할 수는 없다는 것이 공화주의적 비판의 핵심이다.[20] 그러므로 피지배자를 국가의 주인으로 만들어 자기 것을 스스로 지키게 하는 것이, 공화주의적 시각에서 볼 때, 가장 좋은 방법이다.

공화국과 상비군은 모순 관계에 있다. 일부가 직업적인 군인이 되고 나머지는 생산에만 종사한다면 무기를 든 일부에 의해 나머지가 지배받게 될 것이고, 그렇다고 해서 모든 사람이 생산에 종사하지 않고 군인으로서 복무만 할 수도 없기 때문이다. 그러므로 공화주의적 시각에서 볼 때, 군복무는 모든 국민이 일정한 나이가 된 후에 주기적으로 군사 훈련을 받고 일정 기간만 군인으로서 복무하는 형태로 이루어지는 것이 가장 바람직하다. 생산과 군복무를 시기적으로 구분하여 병존시키는 것이다.

각 사람이 일정 기간 군인이 되고 주기적으로 훈련을 받는 것이 시민의 마땅한 의무로서 받아들여지기 위해서는 군인이 되어 지키고자 하는 국가가 남의 것이 아니라 '공동의 것(res publica; commonwealth)'

---

19   같은 책, 139쪽.

20   같은 책, 84쪽 참조.

이어야 하고, 그러려면 또한 그 의무가 모든 시민에게 똑같이 부과되어야 한다. 그러므로 공화주의적 병역관은 평등주의(egalitarianism)를 필연적으로 내포한다. 평등이 깨어지면 공화주의적 애국심도 깨어진다. 조국에 대한 사랑이 타인의 지배에 대한 도착적 사랑이 되지 않으려면, 남의 군복무를 통해 자기를 지키는 특권 집단이 있어서는 안된다. 그렇지 않으면 군인은 조국을 지키기 위해 자유롭게 봉사한다는 착각 속에서 사실은 특정 개인이나 집단을 지키도록 강제되는 노예나 다를 바 없게 되기 때문이다. 특권의 존재는 공화주의적 애국심의 적이다.

최악의 경우가 원군(援軍)이다. 도움을 받는 군주나 공화국이 그 군대에 대해 어떤 권한도 가지지 못하기 때문이다.[21] 그러므로 마키아벨리는 "현존하는 군주나 오늘날의 공화국이 방어와 공격을 위해 자국민으로 구성된 군대를 갖추지 못하고 있다면 이를 크게 부끄러워해야 한다"고 말하는데, 이때 군주나 공화국이 진정으로 부끄러워해야 할 것은, 그에 의하면, 자기 군대의 부재 자체가 아니라 그런 군대를 만들어내지 못한 무능력, 즉 "자국의 백성을 군인답게 만드는데 실패한" 것이다.[22]

3.2 | 자유주의적 시각

병역을 바라보는 자유주의적 시각은 세상의 어떤 변화에 주목하고 그 변화의 필연성을 강조함으로써 공화주의적 시각을 이제 더는

---

21   니콜로 마키아벨리, 『로마사 논고』, 강정인 외 옮김(한길사, 2003), 353쪽.
22   같은 책, 150쪽.

유효하지 않은 낡은 것으로, 그 반대로 자유주의적 시각을 그 변화에 부합하는 합리적인 것으로 묘사한다. 공화주의적 시각이 군사적인 것의 그 어떤 불변적 속성에 주목한다면, 자유주의적 시각은 군사적인 것을 가변적인 맥락 속에서 관찰한다. 그렇기 때문에 자유주의적 시각은 병역이나 군대에 그 어떤 본질적 가치를 부여하지 않고 어디까지나 수단적 의미만을 부여한다. 반대로 공화주의적 시각은 군사적인 것에서 심지어 불멸성을 본다.

사회의 발전 속도가 매우 느리고, 반복되는 기근과 전쟁으로 인해 부의 축적은 물론 장수조차 기대할 수 없었을 때, 사람들은 전쟁을 통해 정치공동체의 역사 속에서 영웅으로서 기억되기를 원했다. 그러나 기술이 발전하고 생산력이 증대하여 자신의 (죽음이 아닌) 삶 속에서 부와 영광을 누릴 수 있게 되면서 사람들은 점차 자신의 시간과 노력을 다른 누군가를 위해 희생하기를 꺼리게 되었다. 병역에 대한 자유주의적 시각은 사회적·경제적 발전이라는 변화와, 그 변화가 부분적으로 강제하는 개인주의적이며 합리주의적인 세계 인식에 의해 생겨났다.

18세기의 영국 경제학자 애덤 스미스(Adam Smith)는 병역을 바라보는 자유주의적 시각이 어떤 것인지를 잘 보여준다. 스미스는 전쟁 수행 방식이 생산 방식과 관련됨을 밝히면서 생산 방식의 변화에 맞춰 전쟁 수행 방식, 즉 군대의 조직 방식 또한 변해야 함을 주장한다.

먼저, 스미스는 전쟁이 누구의 비용으로 치러지는지를 살펴본다. 스미스에 의하면, 근대 국민국가가 등장하기 전에 상비군의 효율성이 부정되고 공화주의적 시민군의 이상이 유지되었던 것은 기본적으로 전쟁에 참여하는 사람을 다른 사람이 부양하는 것이 생산력의 측면에서 어려웠기 때문이다. 고대 그리스 아테네의 시민들은 자기 비용으로 상이하게 무장하고 전쟁에 참여했다. 그렇기 때문에 일정한 수준의 재산이 없는 사람은 전쟁에 아예 참여할 수 없었다. 그러나 전쟁의 규모가 커져서 대규모 보병이 필요해지면서, 그리고 마침내 해전에서 배의 노를 저을 대규모 노동력이 필요해지면서 몸밖에 가진 것이 없는 평민조차 전쟁에 참여할 수 있게 되었고, 그 결과로서 민주정이 등장하게 되었다.

중세 봉건 시스템에서도 바로 이 원칙, 즉 전쟁에 참여하는 사람이 자기 비용으로 무장한다는 원칙은 유지되었지만, 중세에는 전쟁이 시간적으로나 공간적으로, 그리고 인적으로도 제한적으로 이루어졌기 때문에 전쟁에 참여하는 사람의 수가 많지 않았다. 전쟁은 어디까지나 토지를 가진, 그러나 노동하지 않는, 왕과 영주, 그 가신들의 일이었다.[23] 이런 사회 상태에 변화가 생겼다. 그리고 그것이, 스미스에 의하면, 전쟁에 참가하는 사람이 자기 자신의 비용으로 생활하는 것을 불가능하게 만들었다. 전쟁 기술과 생산 기술이 모두 발전하여 한편으로는 개개인이 전쟁에 참여하기 위해 무장에 필요한 비용을 부담할 수 없게 된 것이고, 다른 한편으로는 국가만이 (조세 수취를 통해) 그 비용을 부담―전쟁에 참여하지 않는 사람의 비용으로 전쟁에 참여하는 사람을 무장하고 부양―할 수 있게 된 것이다.

스미스의 생각에 군대의 규모와 그 인적 구성의 방식을 결정하는 것은 어느 한 사회가 지닌 경제적 생산 능력과 군사적 기술의 수준이다. 먼저, 규모와 관련해 스미스는 이렇게 말한다.

---

23 볼프 슈나이더, 『군인: 영웅과 희생자, 괴물들의 세계사』, 박종대 옮김(열린책들, 2015), 87~88쪽 참조.

문명사회에서 군인은 군인이 아닌 사람들의 노동에 의해 부양되므로, 군인의 수는 후자가 그들 자신과 그들이 부양하지 않으면 안 되는 행정부·사법부 관리들을 각각의 지위에 적합한 방식으로 부양하고 난 다음 부양할 수 있는 사람 수를 넘지 못한다. …… 오늘날 유럽의 문명국들에서는 주민의 1/100 이상이 군인이라면 즉시 파멸하지 않을 수 없다는 것이 일반적인 생각이다.[24]

스미스는 한 사회가 가진 부양 능력이 군인의 수를 결정하는 기준이 되어야 하지, 필요한 수에 맞춰 강제로 부양하게 해서는 안 된다고 생각한다. 개인의 경제활동에 국가가 필요 이상으로 개입해서는 안 된다고 하는 자유주의적 시각이 반영되어 있다. 그러나 국가 간의 경쟁은 이른바 적정 수준의 군사력만을 유지하도록 허락하지 않는다. 스미스가 죽고 얼마 지나지 않은 1793년에 프랑스에서는 대규모 징집이 실시되었는데, 1800년경 2700만 명이라는 유럽 최대 인구를 가진 프랑스가 120만 명에 이르는 병력을 모은 것이다.[25] 여성과 아동을 제외하면 거의 성인 남성 절반이 군인이었던 셈이다. 프랑스의 이런 대규모 징집은 이웃 국가들도 똑같이 군사력을 키우지 않을 수 없도록 강제했으며, 결국 대규모 전쟁으로 이어졌다.

스미스는 또한 전쟁기술의 발전이 불가피하게 상비군을 요구한다고 주장한다. 그에 의하면, "전쟁기술은 모든 기술 중에서 가장 고도의 것이므로 …… 전쟁기술을 이런 최고수준으로 높이기 위해서는 그것이 특정 시민계급의 유일한 또는 주된 직업이 되어야" 한다.[26]

---

24   애덤 스미스, 『국부론』, 김수행 옮김(비봉출판사, 2007), 859쪽.
25   슈나이더, 『군인: 영웅과 희생자, 괴물들의 세계사』, 124쪽 참조.

직업 군인의 필요성을 스미스는 또한 분업의 합리성을 들어 옹호한다. 다른 어떤 기술의 경우와 마찬가지로 분업이 전쟁기술의 진보에 필수적이라는 것이다. 그런데 군사적 영역에 분업을 도입하는 일은, 다른 일반 생산 활동의 경우처럼, 개개인이 자연스럽게 합리적으로 선택할 수 있는 일이 아니라고 스미스는 말한다.

> 분업이 다른 기술에 도입된 것은 하나의 특정한 일에만 매달리는 것이 이것저것 손대는 경우보다 자신에게 더 큰 이익을 가져다준다는 사실을 잘 알고 있는 개인들의 판단에 의해 자연적으로 이루어진 것이다. 그러나 군인이라는 직업을 다른 모든 직업으로부터 독립된 별개의 특정 직업으로 만들 수 있는 것은 오로지 국가의 지혜뿐이다. …… 많은 국가들은 이런 지혜를 가지는 것이 국가의 존립을 좌우할 만한 상황에서조차 반드시 이런 지혜를 가지지는 못했다.[27]

스미스는 '국가의 지혜'라는 사뭇 독특한 표현을 사용하며 군사적 분업이, 자연스럽게 이루어질 수는 없으므로, 인위적으로 도입되어야 한다고 주장한다. 스미스는 기본적으로 부(富)가 침략을 유발한다고 생각한다. 그러므로 부를 지키기 위해서는 모든 사회가 군사적인 노력을 할 필요가 있는데, 유목사회나 농경사회에서는 생산을 위한 활동에 군사적 훈련의 성격이 숨어 있어서 전투원과 비전투원을 따로 구분하여 훈련시키지 않아도 자연스럽게 모든 시민이 (잠재적) 전투원이 된다. 그 반면에 산업사회에서는 생산 활동에 군사적 훈련

26　스미스, 『국부론』, 860쪽.

27　같은 책, 860~861쪽.

의 성격도 없고, 또한 사시사철 생산에 종사할 수 있어서, 생산에 차질을 빚지 않고서는 군사적 훈련을 따로 받기가 어려우므로, 국가가 인위적으로 개입하지 않는 한 사실상 모든 시민이 비전투원이 된다. 그러면 부를 지킬 수 없게 된다.

이처럼 병역을 바라보는 자유주의적 시각은, 자유주의 자체가 국가의 기능 자체를 부정하지 않듯이, 군사적인 것 자체와 그 기능을 부정하지 않는다. 오히려 자유주의적 시각은 그것의 전문성을 요구한다. 이는 궁극적으로 군인이 아닌 일반 사람들, 곧 경제활동에 종사하는 사람들의 자유를 위한 것이다. 스미스는 직업 군인이 민병보다 뛰어난 것이 단지 병기의 취급에서만은 아니라고 말한다. 전쟁에서 무기를 뛰어나게 다루는 기술보다 더 중요한 것이 "명령에 절대복종하는 습관"인데, 직업 군인이 이 점에서 민병보다 뛰어나다는 것이다.[28] 자유주의적 시각은 군사적인 분야에서 필요한 덕성을 모든 시민에게서 요구함으로써 창의적이고 생산적인 경제 활동을 위축시키는 대신에 그것을 특수한 직업 집단에게만 갖추도록 함으로써 한 사회 전체가 전쟁과 관련한 능력뿐만 아니라 생산과 관련한 능력도 함께 갖출 수 있다고 생각한다.

---

28   같은 책, 865쪽.

4 | 민군관계에 대한 한국 사회의 편견과 병역의 위기

4.1 | 한국 민군관계의 엇갈린 역사

한국의 민주화는 오랜 시간 동안 여러 단계를 거쳐 이루어졌다. 먼저 한국은 중화제국의 영향에서 벗어나 하나의 주권국가가 되어야 했다. 그것은 또한 국가 권력을 신학적으로 정당화하기를 멈추고 다른 '근대적' 방식으로 정당화해야 함을 의미했다. 그러므로 그 과정은, 다른 나라들의 경우에도 마찬가지였지만, 정신적으로나 신체적으로 매우 폭력적인 과정이었다. 유럽의 국가들이 오랜 전쟁을 치르면서 주권국가화하고 국민국가화한 것과 다르게, 한국인들은 주권국가화에 성공하지 못하면서 일본의 식민지배하에서 국민화를 생략한 채로 국가 없는 민족화 과정을 겪었다. 유럽의 국민들이 단일한 영토 안에서 적국에 맞서 자국을 지키는 평등한 주체로서 거듭난 것과 다르게, 한국인들은 영토를 빼앗긴 '상상의' 민족을 외세에 맞서 다양한 방식으로 지키는 복수의 주체들로 변했다. 한국인의 민족(스테이트 없는 네이션)화 과정에, 예컨대 동학농민운동이나 항일무장투쟁과 같은, 군사적 요소가 전혀 없었던 것은 아니지만, 그것이 민족화의 의미를 지배적으로 규정하지도 않았고, 그 군사적 대응조차 반식민 저항투쟁에서 일반적으로 나타나는 것과 같이 비정규적 형태를 취했기 때문에, 유럽에서 찾아볼 수 있는 것과 같은 전면전쟁의 등장과 이를 위한 국민(민족)의 군대화는 일어나지 않았다(민족 형성의 과정에서 군사적인 것이 지배적인 역할을 하지 못한 사실은 오늘날에도 여전히 일제 강점기와 해방 후의 역사를 단일하게 해석하고 평가하는 것을 어렵게 만드는 원인이 되고 있다). 한반도에서 국가의 국민화와 국민(민족)의 군대화는 6.25전쟁을 통해 비로소 이루어졌다. 이 전쟁을 통해 한반도에 살고 있는 '상상의' 한 민족은 두 개의 국민으로 나뉘었고 그 국민들은 각각 군대화하였다.[29] 유럽에서 민족(국민)주의가 군사주의적 속성을 보인 것과 다르게, 해방 후 한반도에서 (통일을 지향하는) 민족주의가 반군사주의적 성향을 보인 이유가 바로 여기에 있다.

1993년에야 비로소 등장한 '문민(文民)' 정부 전의 한국의 권위주의적 정부들은—그 대부분이 군사정권이기도 했지만, 그렇지 않은 경우에도—자기의 부족한 정당성을 경찰과 군대를 이용한 통제와 억압으로써 감추려고 했다. 이 과정에서 경찰과 군대는 민주화를 요구하는 사람들에게, 안과 밖의 위협으로부터 국민을 지키는 기구가 아니라, 오히려 국민을 통제하고 억압하는 '반민주적' 기구요 국민이 같은 민족을 상대로 하여 총을 겨누게끔 하는 '반민족적' 기구로 인식되었다. 민주적 정당성이 부족한 권위주의적 정부들의 잘못된 '군사주의적' 행태가 한국 사회에서 군사적인 것을 마치 그 자체로 반민주적이고 반민족적인 것처럼 여겨지게 만든 것이다. 이런 반군사적 편견을 강화한 또 다른 계기는 국가의 민주화 이후에 비로소 가능해진 사회의 자유화였다. 사회의 자유화 영향을 받아 군대와 병역도 자유화하려는 경

---

29 하상복, 『죽은 자의 정치학』(모티브, 2014), 181~183쪽 역시 한국의 근대국가 형성 과정에서 '반공주의 국민'이 탄생한 일에 6.25전쟁이 결정적으로 작용했다고 말한다. 근대국가 건설 과정에서 국가의 제도적 형식을 만드는 것보다 더 어려운 것이 국가의 존재 이유와 정당성에 대한 국민의 동일한 인식, 즉 국민적 정체성을 창출하는 것인데, 한국의 경우 6.25전쟁을 통해 거의 대부분의 국민이 그 적의 존재를 일상 속에서 보고 느낄 수 있게 되었으며, 이로써 북한의 '공산주의 국민'과 대립되는 남한의 '반공주의 국민'이 탄생하게 되었다는 것이다. 남한에서 여전히 용공과 친북 세력이 '비국민' 취급을 받는 것도 이런 배경에서 기인한다.

향이 생겨난 것이다. 자유화 흐름을 거스르는 군대와 병역 제도를 사람들은, 개인적인 차원에서 또는 집단적인 차원에서, 거부하고 기피하기 시작했다.

개념적으로 군대의 민주화는 자유화와 구분되어야 한다. 군대의 민주화는 역사적으로 볼 때 군대의 국민화를 의미했지 군대의 자유화를 의미하지 않았다. 군대의 자유화는 국가의 자유화를 의미하며, 그것은 근대국가의 구성 원리를 근본적으로 부정하는 것이 된다.[30] 군대가, 특히 그 지휘부가, 귀족들로 이루어져 있다가 전쟁 수행의 방식이 변화하면서 전략적 필요에 의해 점차 국민화/민주화하게 된 것, 즉 왕의 군대에서 국민의 군대로 변하게 된 것이 군대의 민주화이다. 군대와 사회의 공간적·기능적 분리는 그와 함께 점차 사라졌고, 사회의 병영화와 군대의 국민화가 이루어졌다. 그리고 이로써 국가와 주민 사이의 군사적 대립이 사라졌다. 국가의 폭력이 주민에 '대해' 행사되는 것이 아니라 주민을 '위해' 행사되기에 이른 것이다.[31] 군대의 이런 국민화/민주화는 군대와 사회의 자유화와 원칙적으로 다른 것이다. 한국의 군대는 명목상으로는 처음부터 국민의 군대였고, 그런 의미에서 또한 민주적이었다. 두 차례의 군사쿠데타와 그에 뒤이은 군부독재가 군 지휘부 내에서 특정 집단의 권한 독점 현상을 낳기는 했지만, 그것이 결코 출생에 의해 결정되는 세습적 신분집단의 군사적 지배를 의미하지 않았다는 점에서, 여전히 한국의 군대는 국민의 군대였다. (남성이면) 누구나 군대를 가야 했고, (능력이 있고) 원한다

---

30 홉스에 대한 슈미트의 비판이 바로 이 지점에 놓여 있다. 칼 슈미트, 「홉스의 국가론에서의 리바이어던」, 『로마 가톨릭주의와 정치형태: 홉스 국가론에서의 리바이어던』, 김효전 옮김(교육과학사, 1992), 275, 321~322쪽 참조.

31 가야노 도시히토, 『국가란 무엇인가』, 169쪽.

면 누구나 지휘관이 될 수 있었다. 그러나 군대에 가고 안 가고, 또는 군대에 가서 무엇을 하고 안 하고는 개인의 선택의 문제가 아니었다. 그런 의미에서 한국 군대는 비-자유적이었지만, 비-민주적이지는 않았다. 이런 개념적 혼돈 속에서 1993년 이후에 하나회 숙청과 같은 이른바 '군민주화' 조치가 이루어졌고, 이와 함께 그동안 의제로서 억눌려왔던 병역거부 문제가 '민주주의'의 문제로서 다시금 제기되었다. 처음에는 종교적 신념에 근거한 병역거부 문제가 논의의 중심에 있었지만, 점차 정치적 신념, 즉 평화주의적 신념에 근거한 병역거부의 권리까지 논의되기에 이르렀고, 실제로 그것을 표방하며 병역을 거부하는 사람도 나타났다. 이렇게 군대와 국민의 보편적 병역 의무는 한국 현대사에서 (다양한 방식으로 이해된) 민주주의와 마치 대립하는 것처럼 여겨졌다.[32]

4.2 | 반군사주의적 편견의 등장과 강화

한국 사회에서 민주화와 민주주의는 마치 군사적인 것과 대립되는 것처럼 여겨져 왔다. 그 반대도 마찬가지이다. 그러나 국민의 평등한 의무 이행은 국민의 평등한 권리 요구와 그 권리의 확보를 가능케 한다. 그 과정이 바로 민주화이다. 이는 결코 서구의 경험을 무리하게 일반화하는 것이 아니다. 다만 장기간에 걸친 서구의 역사적 경

---

32 여기에 여성주의적 시각에서 제기되는 비판을 추가할 수 있겠다. 근대국가의 군사적 속성이 역사적으로 남성적인 것과 분리되지 않았다는 사실에 근거할 때, 군사적인 것은 남녀가 평등하게 참여하는 민주주의의 관점에서 반민주적인 것처럼 여겨진다. 그러나 그 사실이 군사적인 것을 성적으로 평등하게 재구성할 수 있음을 이론적으로 배제하는 것은 아니다.

험이 이를 잘 보여줄 뿐이다. 전쟁은 평시라면 2등 국민 또는 비국민으로 여겨질 수 있었을 많은 하층민을 상층민과 마찬가지로 국가를 지키는 데에 한몫을, 때로는 그 이상을 감당하는 존재로 만들어준다. 그러므로 전쟁을 수행하고 전쟁을 준비하는 상시적 기구인 상비군과 그것을 국민 전체로써 채우게끔 하는 국민개병제가 민주주의를 낳을 수 있다.[33] 그러나 그것은 분명히 군사주의를 낳을 수도 있다. 이 장에서 주장하고자 하는 것은, 첫째, 군대와 국민개병제가 민주주의에 반대되고 그것들이 철폐되거나 자유화해야 민주주의가 잘 작동할 수 있다고 생각하는 편견이 잘못되었다는 것이고, 둘째, 군대와 국민개병제가 그 자체로서 민주주의의 보증수표는 아니지만, 최소한 그것들이 민주주의의 작동에 필수적인 국민의 평등한 권리 의식과 공통의 정체성, 그리고 연대의식을 가져다줄 수 있다는 것이다.[34] 국민개병제와 군사주의 또는 민주주의 사이에는 그 어떤 필연적 관계도 없다. 그러므로 징병제를 폐지한다고 해서 군사주의의 위험이 확실히 사라지는 것도, 민주주의의 근간이 무너지는 것도 아닐 것이다. 다만 확실한 것은 민주주의의 지속을 위해서는 국민이 공통의 정체성과 일정한 덕성을 가지는 것이 필수불가결하며, 이 일에 군대가 아니더라도 그 어떤 기능적 등가물이 필요하다는 것이다. 그리고 이 일을 결코 시장이 감당할 수 없다는 것이다.[35]

---

33 물론 이 긍정적 경험이 한국인들에게는 결여되어 있는 것이 사실이다. 이런 경험의 차이에 관해서는 문승숙, 『군사주의에 갇힌 근대』(또하나의문화, 2007), 77쪽 참조.

34 정치문화로서의 보편적 병역의무 제도에 관해서는 Ines-Jacqueline Werkner, "Wehrpflicht und Zivildienst: Bestandteile der politischen Kultur?" *Aus Politik und Zeitgeschichte*, 48(2011), 39~45쪽 참조.

35 Herfried Münklerm, "Nach der Wehrpflicht. Das Verschwinden der Massenheere

한국의 민주화는 일차적으로는 해방과 함께 미군정에 의해 외삽적으로 이루어졌고, 이차적으로는 1987년 이후에 지식인과 화이트칼라 노동자의 주도하에 자유주의적(부르주아적)으로, 즉 온전히 국민적이지 않은 방식으로 이루어졌다. 보편적 병역 의무와 국민군대가 가지는 민주주의를 위한 잠재력은 제대로 인식되지도 발휘되지도 못했고, 군부독재 정권에 의해 악용되었으며, 그에 맞선 민주화 운동에 의해 오해되었고, 급기야 부르주아적 민주화에 의해 외면당했다. 1987/88년의 절차적 민주화와 1993년의 민주주의의 탈군대화(반군사적 편견의 확인), 그리고 1997년 이후의 사회의 전면적 시장화가 연이어 이루어지면서 병역은 민주적 잠재력을, 즉 민주주의를 유지시키는 데에 불가결한 정치문화적 기초로서의 잠재력을 상실했다. 이러한 환경에서 병역의 의무는 마침내 사회 전반에 퍼지게 된 시장경제의 영향 아래 개개인에게 그저 불필요한 비용의 지출, 강제적 징병 제도가 없다면, 또 그에 대해 등가의 대가가 지불되지 않는다면 어느 누구도 결코 자진해서 떠맡고 싶어 하지 않는 의무, 그러므로 역설적으로 직업으로만 기꺼이 맡고자 하는 일이 되었다.

군사적 임무를 떠맡는 것이 유럽의 중세에 일종의 신분적 특권이었고 고려와 조선에서도 양반의 일원이 되는 것이었음을 생각하면, 이를 기피하는 것이 신분제가 폐지된 후의 사회에서는 일견 당연한 것처럼 보인다. 그러나 그런 기피 현상을 당연하게 만드는 것은 자본주의적 사회관계의 전면화이지 탈신분제 사회 그 자체는 아니다. 국민이 곧 국가가 됨으로써 그 국가를 국민이 직접 지키려고 하

---

und die Folgen für die Zivilgesellschaft", *Der Wandel des Krieges: Von der Symmetrie zur Asymmetrie*(Velbrück Wissenschaft, 2006) 참조. 당연하지만 이 사실은 스미스, 『국부론』, 853쪽 이하에서도 이미 인식하고 있었다.

는 일은 탈신분제 사회에서도 나타났기 때문이다. 그것이 국익을 위한 것이 아니라 결국 자본가 계급의 이익을 위한 것이라는 마르크스주의적 비판이 있었고, 그래서 '사회주의 조국'을 위해 복무하는 것이 대안으로서 제시되기도 했다. 그러나 '사회주의 조국'이 사라진 오늘날 결과적으로 나타난 것은, 다시 국익이라는 미명 아래 자본가 계급을 위해 복무하는 것이 아니라, 어느 누구를 위해서도 복무하지 않으려는 현상이다. 동서냉전이 해소되고 대칭적 전쟁이 적어도 서구와 북반구의 발전한 국가들의 세계에서 소멸하면서, 국가를 위한 복무로서의 보편적 병역 의무는 무의미하고 불필요하게 된 것처럼 보인다. 서구 국가들에서 탈의무병제 현상이 나타나는 것은 바로 이와 같은 탈냉전의 영향과 전쟁양상의 변화 탓이다. 한편으로는 적대적으로 국민을 동원하고 또 국민 전체가 동원되어 외적에 맞서 국가를 지키기 위해 싸워야 할 필요가 현저하게 줄어들었기 때문이고, 다른 한편으로는 전쟁의 양상이 국가와 국가, 국민과 국민 간의 전면적인 충돌이 아니라 무기기술상의 비대칭적 우위를 지닌 선진국의 군대와 그에 맞서는 후진국의 게릴라 전사 또는 테러리스트가 비대칭적 방식으로 서로 맞서 싸우는 형태로 바뀌었기 때문이다.[36]

이런 서구의 상황과 다르게 한국에서 병역의무 이행의 의지가 약해지고 직업군인제 또는 지원병제의 도입이 제안되고 논의되는 이유는 군사적 필요보다 정치문화 자체의 탈군사화와 시장경제화에 있다. 이에 부응하여 국방부는 오히려 군대를 최소한 손해 보지 않을 수 있는 공간으로, 예컨대 학점을 취득할 수 있는 공간, 돈을 버는 공

---

36 뮌클러의 『파편화한 전쟁』과 『새로운 전쟁』은 이런 현상을 '새로운 전쟁'이라는 개념을 이용해 자세히 다루고 있다.

간, 기술을 습득하는 공간으로 만들려고 하고, 사병들 자신도 정당한 금전적 대가나 취업 시의 군 가산점을 요구함으로써 공히 병역을 시장경제·화폐경제적 방식으로 이해하여 국민들의 병역 이행 의지를 약하게 만들고 있다.

4.3 │ 탈영웅적 사회와 민군관계의 미래

한국 사회에서 공화주의적 병역 관념이 퇴조하고 급진주의적 비판이 제기되며, 마치 대안처럼 자유주의적 병역 모델이 제시되는 현상 밑에는 사회의 탈영웅화 경향이 있다. 호전성과 희생태세가 줄어드는 사회의 탈영웅화 경향은, 19세기 유럽의 많은 사회학자들이 기대를 섞어 예상했듯이, 단순히 경제적 발전에만 그 원인이 있는 것은 아니다. 여성의 교육 수준이 높아지고, 그와 함께 출산율이 줄어들면 뚜렷하게 사회의 '영웅성(heroicity)'이 줄어든다는 것이 많은 학자들의 공통된 지적이다. 독일의 정치학자 헤어프리트 뮌클러(Herfried Münkler)는 현대의 많은 군사적 충돌이 탈영웅적 사회와 영웅적 사회 간의 비대칭적 대결의 형태로 전개되고 있다고 지적한다.[37] 탈영웅적 사회의 연약한 심리를 영웅적 사회의 구성원이 자폭을 감수하며 공격하는 형태인 것이다. 적의 이런 비대칭화 전략에 맞서 탈영웅적 사회는 어떻게 대응할 수 있을까? 사회의 재영웅화가 과연 가능할까? 이에 맞서는 탈영웅적 사회의 대응은 크게 두 차원에서 이루어지고 있다. 하나는 민간의 차원에서 이른바 '영웅적 초연함(heroic calmness)'

---

[37] 이에 관해서는 공진성, 「탈영웅적 사회와 평화의 전망」, ≪인문사회과학연구≫ 제16집(2007); 뮌클러, 『새로운 전쟁』, 221쪽 이하; 뮌클러, 『파편화한 전쟁』, 184쪽 이하 참조.

을 발전시키는 것이고, 다른 하나는 군사적 차원에서 무기기술상의 우위를 활용해 더욱 비대칭적으로 공격하는 것이다. 비밀 전쟁과 드론 공격이 그 대표적인 예이다.

한국 사회의 탈영웅화 경향은 거스를 수 없어 보인다. 그러나 남북한의 여전한 대칭적 대립의 상황은 쉽게 사회의 탈영웅화 경향을 인정하면서 새로운 병역의 모델을 구상할 수 있게 하지 않는다. 오늘날 탈영웅적 사회의 국민들이 가진 연약한 심성과 부족한 희생태세는 전략적 취약점이다. 이를 다시 전략적 강점으로 전환시킬 방법이 모색되어야 한다. 과연 탈영웅적 사회에서 우리는 어떤 시민의 '영웅적 덕성'을 길러낼 수 있을까? 2000년대 초반부터 2017년 봄까지 이어져온 이른바 '촛불집회'는, 과거와 같은 군사적 영웅성과는 다르지만, 다른 어떤 형태의 영웅성이 탈영웅적 사회에서도 길러질 수 있음을 보여주는 듯하다. 뉴욕, 파리, 런던, 베를린의 시민들이 테러 이후에 보여준 '영웅적 초연함'과 유사한 다른 형태의 영웅성이 한국의 시민들에 의해서도 드러나는 듯하다. 무엇이라고 이름 붙일 수 없는 그 잠재적 덕성을 병역과 어떻게 연결하느냐가 탈영웅적 시대의 민군관계의 핵심이 될 것이다. 그것은 어쩌면 남녀 모든 시민을 대상으로 하는 보편적 사회복무 제도의 도입과 그 부분적 복무 형태로서의 모병제 또는 전문병사제도로의 전환이 될 것이다.

5 | 결론

건강한 민군관계의 핵심은 신뢰이다. 신뢰할 수 있는 사회가 없으면 군대가 존립할 수 없고, 신뢰할 수 있는 군대가 없으면 사회 역시 재생산될 수 없다. 이 신뢰를 공화주의는 시민들의 자기 무장을 통해 해결하려고 하고, 자유주의는 전문성에 근거한 기능적 분업과 상호협력을 통해 해결하려고 한다. 한국 사회에서 민군관계가 과거에 건강하게 정립되지 못했던 가장 큰 이유는 이 신뢰를 군대의 민주적 운영이나 기능적 전문성을 통해 적극적으로 확보하는 대신, 적에 대한 공포만을 동원해 매우 불안정하게 확보해왔던 데에 있다. 사악한 적의 존재를 통해 자기의 정당성을 손쉽게 확보함으로써 한국의 군대는 한편으로는 특정 집단의 전유물이 되었고, 그럼으로써 또한 전문성을 잃게 되었다.

민주화 이후 지난 30년 동안 한국의 군대는 사회의 신뢰를 회복하기 위해 노력해왔지만, 군대에 대한 사회의 불신은 여전하며 공포의 동원은 이제 예전처럼 쉽지 않다. 더 나아가 경제적 효용을 최우선으로 생각하는 경향이 사회 전반에 퍼져나감으로써 남성 시민조차 병역의 의무를 이행하기를 싫어하고, 자신의 시간을 들이는 것은 물론이고 국방을 위해 다른 곳에 우선해 세금을 투입하는 것조차 아깝게 여기는 성향이 늘어나게 되었다. 그러나 전쟁의 양상은 점점 더 경제적으로 변해가고 있으며, 탈냉전 이후 국가들 사이의 치열한 경제적 경쟁은 동맹체계 속에서조차 무임승차를 불허하고 있다. 이런 상황에서 군대가 시민사회의 신뢰를 회복하는 것은 점점 더 어려워지고 있다.

이에 더해 군대와 관련한 또 다른 문제들이 우리를 기다리고 있다. 20세기 후반부터 빠르게 진행된 국제 이주와 결혼으로 인해 등장한 이른바 '다문화' 가정과 그 가정에서 자란 자녀들, 점증하는 북한이탈 주민과 그 가정의 자녀들, 그리고 통일 후에 결합하게 될 북한 지역의 자녀들을 병역이라는 제도를 통해 통합해야 하는 과제를 안고 있다. 이는 국민 형성의 문제이기도 하지만, 동시에 계층적 통합의 문제이기도 하다. 이런 문제들의 정치적·사회적 의미를 명확히 이해하고 해결책을 제시할 수 있기 위해서도, 이 장에서 논의된 민주주의와 병역의 관계, 이를 바라보는 두 가지 대립적 시각, 그리고 오늘날 한국 사회가 안고 있는 문제에 대한 솔직하면서도 심도 깊은 논의가 계속 이어져야 할 것이다.

제6장

북한의 당군관계, 그 결과*

김보미

1 │ 서론

핵확산 국가가 되는 길은 멀고도 험난하다. 핵무기는 개발 초기 단계에서부터 많은 비용을 필요로 한다. 핵프로그램에 대한 선차적인 자원배분과 막대한 투자로 인해 기타 산업이나 공공부문의 발전을 포기해야 하므로 상당히 높은 기회비용이 소요된다. 비확산체제에 의한 국제사회의 압력 또한 큰 고민거리이다. 핵확산 국가는 국제사회의 비난과 외교적·경제적 압박을 피하기 위해 핵전력을 은밀하게 증강시켜야 하는 부담을 갖는다. 그리고 이는 다시 핵무기를 통한 이익보다 불이익이 더 크다고 믿는 내부의 반대세력과 싸워야 하는

---

* 이 글은 2017년 육군력 포럼 발표 후 수정을 거쳐 동일 제목으로 ≪현대북한연구≫, 20권 3호, 99~137쪽에 게재되었다.

국내정치적 문제로 이어진다.

북한은 위와 같은 대내외적 난관을 뚫고 핵무기 개발에 성공했다. 2006년 10월 9일, 북한은 함경북도 길주군 풍계리에서 플루토늄을 활용하여 첫 번째 핵실험을 실행했다. 핵능력이 베일에 가려 있던 상황에서 기습적인 1차 핵실험은 충격적인 사건이었다. 그러나 규모 3.9의 인공지진 1kt 미만으로 추정되는 폭발위력에서 확인이 가능하듯, 예상보다는 위협적이지 않았던 탓에 핵을 이용한 북한의 협상력은 앞으로 더 약화될 것이라는 냉정한 평가도 있었다.[1] 북한의 핵능력이 위협적인 수준에 도달하기 위해서는 여전히 갈 길이 멀다는 의미이기도 했다.

그로부터 10년의 세월이 흐른 지금, 북한의 핵무기가 예상보다 과대평가되었다는 주장은 사라진 듯하다. 북한은 지금까지 6차례의 핵실험을 강행하면서 점차 위협적인 핵능력을 과시해왔다. 2009년 5월 2차 핵실험에서는 지진 규모 4.5에 폭발력 3~4kt이었으나 2017년 9월 6차 핵실험의 경우 지진규모 5.7에 폭발력이 최소 50kt에서 150kt 내외로 실험을 거듭할수록 점차 위력이 커졌다. 그뿐 아니라 김정은 정권에 들어서 핵융합기술의 발전과 운반체계의 다양화는 물론 핵미사일을 담당하는 '전략군'으로 지칭되는 제4군종의 신설과 지휘체계를 비롯한 군사전략의 변화가 동시에 이루어지고 있다.

2017년 11월 29일의 정부성명에서 밝힌 그대로, 북한의 국가핵무력이 드디어 완성된 것인지는 분명치 않다. 그러나 북한의 핵·미사일 능력이 양적, 질적 진화를 거듭하면서 미사일 발사가 더 이상

---

1   Jacques E. C. Hymans, "Assessing North Korea's Nuclear Intentions and Capacities: A New Approach", *Journal of East Asian Studies*, Vol. 8, No. 2 (2008), pp. 276~277.

'시험적'이지 않을 수도 있다는 것만큼은 확실하다. 2017년 7월 28일에 발사한 ICBM급 화성-14형은 최초의 야간발사였으며 8월 29일에 발사된 IRBM 화성-12형은 최초로 동해를 지나 일본 영공을 통과했다. 김정은은 화성-14형의 야간발사 이후 성명 발표를 통해 "임의의 지역과 장소에서 임의의 시간에 대륙간탄도로케트를 기습발사할 수 있는 능력이 과시"되었다고 선전했다.

북한의 핵·미사일이 점차 그들 스스로 주장하는 "전략무기의 실전화"를 위한 수단으로 변모하면서 이제는 북한의 핵무기의 발전 수준뿐만 아니라 핵전력 지휘통제체계에 대한 진단이 필요한 시점이라고 할 수 있다. 과거에는 무기의 능력과 의도가 포괄적인 위협평가에서 가장 중요한 요소였다. 그러나 새로운 핵시대에는 지휘통제체계의 문제가 북한을 비롯한 신흥 핵보유국에 의한 총체적 위협을 평가하는 데 주요 지표가 될 수 있다. 지휘통제체계의 형태가 핵보유국들의 핵무기 사용의도와 특별한 연관성을 갖는 것은 아니다. 그러나 이에 대한 예측은 핵보유국들이 핵사용 의도가 없음에도 불구하고 어떠한 상황에서 핵무기를 사용하게 되는지, 이에 따른 위기 불안정(crisis instability)의 위험은 어느 정도 수준인지를 가늠케 한다.[2]

이러한 배경에서, 이 장은 김정은 정권의 핵무력 고도화의 국내 정치적 요인에 주목하여 북한의 핵전력 지휘통제체계의 형태를 분석하는 것을 목적으로 한다. 일반적으로 핵보유국은 자국의 핵전력의 규모와 외부위협의 정도, 그리고 민군관계(혹은 당군관계) 등의 요인을 고려하여 지휘통제체계의 형태를 결정하는데, 이 장이 주목하고 있

---

2 Peter D. Feaver, "Command and Control in Emerging Nuclear Nations", *International Security*, Vol. 17, No. 3(1992/1993), pp. 181~182.

는 것은 북한의 당군관계이다. 그동안 북한의 핵전략의 형성과정에서 당군관계와 같은 국내정치적 요인에 대한 논의는 크게 주목을 받지 못했다. 대다수의 기존 연구들은 대외 안보위협을 북한이 핵무기를 개발하게 된 동기이자 핵무력 고도화 전략의 원인으로 간주함으로써, 북한의 핵보유와 핵전략의 동기를 동일시하는 단순화의 오류를 범했다. 그러나 핵보유국이 될 것인가 하는 선택의 문제와 어떠한 핵태세를 취할 것인가에 대한 문제는 각기 다른 접근법을 통해 분석하는 것이 옳다. 대다수의 핵보유국들이 안보적 동기에 의해 핵개발에 착수했지만, 일단 핵실험에 성공한 이후에는 경제와 사회, 관료정치 등 다양한 국내적 조건을 함께 고려하여 최적화된 핵전략을 수립해왔기 때문이다.[3]

이 장은 핵무력 고도화 전략의 국내정치적 배경에 대한 분석이 반드시 필요하다는 전제하에 북한의 핵전력 지휘통제체계의 문제를 논의한다. 또한 김정은 정권의 핵무력 증강을 촉진시키는 국내정치적 요인으로 긴장된 당군관계를 지적하고, 이것이 평시와 위기 시 핵전력 지휘통계체제의 형태에 미치는 영향을 분석한다. 나아가 잠재된 당군갈등의 요인들이 핵전력의 발전에 따라 지휘체계의 안정성에

3　Vipin Narang, *Nuclear Strategy in the Modern Era: Regional Powers and International Conflict*(Princeton, NJ: Princeton University Press, 2014), p. 26. 국내정치적 관점을 배제하고 완전히 안보적 관점에서만 본다면 북한의 핵 포기는 두 가지 방법으로 가능하다. 첫째, 핵확산 국가의 안보위협을 근본적으로 제거하여 주거나, 둘째, 새로운 안전보장을 제시함으로써 안보위협을 상쇄시키는 것이다. Scott D. Sagan, "Why Do States Build Nuclear Weapons?: Three Models Search of a Bomb", *International Security*, Vol. 21, No. 3 (1996/1997), pp. 61~62. 국제사회는 후자의 방법을 선택하여 북한에 경제적 보상과 지원, 미국과의 평화협정 체결 등을 제시했다.

어떠한 영향을 미칠 것인지 전망해볼 것이다. 이러한 과정을 통해 앞으로 우리가 북한의 핵무기로부터 초래되는 위협을 어떻게 해소할 수 있을 것인지 고민하고자 한다. 핵확산이 피할 수 없는 문제라고 한다면, 이제는 핵확산의 피해를 최소화하는 방향으로 노력을 기울여야 하기 때문이다.

2 | 핵확산의 국내정치적 원인과 핵전력 지휘통제체계

2.1 | 핵무기 개발의 국내정치적 요인

국내정치와 핵확산의 관계를 조명한 최근의 연구들은 특정 유형의 정권이 핵확산에 유리한 국내외적 환경에 놓여 있다는 사실에 주목하고 있다. 그것은 바로 지도자 개인이 정권에 대한 무제한적인 자유재량권을 가지는 사인주의 독재정권(personalist dictatorship)이다.[4] 과거 이라크의 사담 후세인(Saddam Hussein), 현재 북한의 김정은 정권이 대표적인 사인주의 독재정권으로 분류되고 있다. 사인주의 독재정권은 다른 유형의 정권들에 비해 국내외적 반발을 경험하지 않고도 핵개발을 추진할 수 있다고 평가받는다. 국제사회의 위협은 핵무기 보유를 정당화하는 기제가 되며, 독재자는 핵프로그램에 반대하는 국내정치적 반대세력들(veto players)의 압력으로부터 자유롭기 때문이다.

---

4   Sonali Singh and Christopher Way, "The Correlates of Nuclear Proliferation: A Quantitative Test", *Journal of Conflict Resolution*, Vol. 48, No. 6(2004), pp. 859~885; Scott D. Sagan, "The Causes of Nuclear Weapons Proliferation", *Annual Review of Political Science*, Vol. 14, No. 1(2011), pp. 225~244.

일반적으로 핵확산 이론에서는 핵무기 개발결정에 국내적 지지를 얻기 위해서 어느 정도의 외부위협은 필수적이라고 하지만 청중비용(audience cost)이 발생하지 않는 사인주의 독재정권에 해당되는 사항은 아니다.[5] 사인주의 정권의 독재자들은 핵확산 결정에 있어서 국민적 지지의 문제를 고려하지 않아도 된다. 또한 이들은 감시와 처벌을 집행하는 보안기관에 대한 통제권한과 고위직 관료에 대한 절대적인 인사임명권을 갖고 있으며, 정치엘리트들의 운명은 독재자의 정치적 생존과 긴밀히 연결되어 지도자를 처벌할 동기가 충분하지 않다.[6] 이 같은 취약한 제도적 환경은 다른 정치체제에서는 불가능에 가까운 권한을 독재자에게 부여한다.[7]

그러나 핵무기 개발에 유리한 국내외적 환경에 놓여 있다는 사실만으로 사인주의 정권의 핵보유 원인이 설명되지는 않는다. 독재자는 왜 핵무기를 선호하는가? 재래식 무기는 핵무기를 대체할 수 없는 것인가?

우선 첫째, 핵무기는 대외 안보위협에 대응할 수 있는 가장 효과적인 무력수단이다. 핵무기는 재래식 무기와는 비교 불가능한 파괴

---

5   Michael C. Horowitz, *The Diffusion of Military Power: Causes and Consequences for International Politics*(Princeton, NJ: Princeton University Press, 2010), p. 115.

6   Jessica L. P. Weeks, "Autocratic Audience Costs: Regime Type and Signaling Resolve", *International Organization*, Vol. 62, No. 1(2008), p. 46; Mark Peceny, Caroline C. Beer, and Shannon Sanchez-Terry, "Dictatorial Peace?", *The American Political Science Review*, Vol. 96, No. 1(2002), p. 18.

7   Christopher Way and Jessica L. P. Weeks, "Making It Personal: Regime Type and Nuclear Proliferation", *American Journal of Political Science*, Vol. 58, No. 3(2013), p. 708.

력을 가진다. 탄두 하나가 수천, 수백 개의 재래식 무기의 폭발력을 합친 것과 유사한 효과를 발휘한다. 그러나 핵무기를 보유하게 되면 국제사회의 외교적 고립과 경제적 압력에 인해 핵보유국이 되기 전보다 심각한 대외위협에 직면할 확률이 높다. 따라서 사인주의 정권의 독재자들은 대외위협과 특별한 국내정치적 목적이 결부되었을 때 핵무기를 선호하게 된다. 즉, 둘째, 독재자는 핵무기 보유를 통해 직면한 대외위협에 효과적으로 대응하는 한편 이에 대한 강력한 통제권한을 행사함으로써 자신의 정치적 반대세력을 억제하고자 한다. 따라서 핵무기는 사인주의 독재정권에서 일반적인 국가안보를 수호하기 위한 차원이 아니라, 외부의 위협으로부터 "현 정권"을 지키기 위한 차원에서도 선호된다.

사인주의 독재정권의 지도자에게 가장 위협적인 정치적 도전세력은 단연 군부이다. 독재자는 이들의 정치적 성장을 촉발시킬 수 있는 재래식 전력의 증강에 거부감을 갖는 경향을 보인다. 통상 재래식 전력을 강화하게 되면 전문적인 군 간부의 양성을 필요로 하게 되고, 이 과정에서 독재자가 가진 권한과 권력이 군부에게 일정 부분 위임되기 때문이다. 만약 군부를 완전히 장악하지 못하는 독재자라면, 권력의 위임과정에서 쿠데타의 위험성에 직면하게 될 가능성이 크다.[8] 따라서 쿠데타의 두려움이 큰 지도자일수록 군부의 성장을 의도적으로 저지하는 경향을 보인다고 할 수 있다.

---

8   이는 대다수의 독재자들이 민중봉기나 민주화운동이 아닌, 정권의 내부인 혹은 보안세력(security forces)에 의해 권력을 상실해왔다는 점에서 확인이 가능하다. Milan W. Svolik, "Power Sharing and Leadership Dynamics in Authoritarian Regimes", *American Journal of Political Science*, Vol. 53, No. 2(2009), pp. 477~494.

대외적 안보위협과 국내정치적 불안정성을 함께 지니는 사인주의 독재정권은 대외위협의 심각성과는 상관없이 쿠데타 세력의 위협에 대한 정권수호를 최우선으로 한다.[9] 이 때문에 외세 위협 방어와 대내 안보, 기타 사회적 목적 등 여러 국내외적 목적에 부합하고자 재래식 전력이 상당히 큰 규모로 유지되고 있지만, 그에 비해 조직력이 약하고 전투효율성 또한 낮은 편이다.[10] 독재자는 군의 훈련, 무기, 그리고 조직적 자율성이 자신의 정권장악에 대항수단으로 사용될 가능성을 우려한다.[11] 따라서 정례적인 군사훈련을 포함하여 군의 일상적이고 사소한 문제에까지 깊숙이 관여하게 된다.[12] 독재자는 감시체계와 인사권한을 적극 활용하여 군부를 끊임없이 감시하는 한편, 직위 해제, 강등, 승진 등 다양한 방법을 통해 군의 응집력을 약화시킴으로써 쿠데타의 가능성을 차단한다.

반면, 독재자는 핵무기를 개발하는 과정에서만큼은 군부의 성장을 두려워하거나 쿠데타의 위협을 느끼지 않아도 된다. 핵능력은 군부의 군대운용 능력이 아닌 과학자들의 기술적 능력(technical capability)에 기반을 두기 때문이다.[13] 독재자는 과학자들에게 물질적 지원과 연구 자율성을 보장함으로써 핵기술 발전에 전념할 수 있도록 지원

---

9 Caitlin Talmadge, *The Dictator's Army: Battlefield Effectiveness in Authoritarian Regimes*(Ithaca, NY: Cornell University Press, 2015), p. 21.

10 Caitlin Talmadge, "Different Threats, Different Militaries: Explaining Organizational Practices in Authoritarian Armies", *Security Studies*, Vol. 25, No. 1(2016), p. 113; Peceny, Beer and Sanchez-Terry, "Dictatorial Peace?", p. 19.

11 Lewis A. Dunn, "Military Politics, Nuclear Proliferation, and the Nuclear Coup d'Etat", *Journal of Strategic Studies*, Vol. 1, No. 1(1978), pp. 31~50.

12 Way and Weeks, "Making It Personal", pp. 708~709.

13 Way and Weeks, "Making It Personal", p. 710.

하고, 스스로 핵전력에 대한 지배적 권한을 행사하여 국내정치적 권력기반을 강화한다.[14] 핵전력에 대한 독점적인 지휘통제체계를 구축하면 핵무기 사용권한은 오직 지도자에게만 부여되며 지도자에 대한 참수공격(decapitation strike)이 일어나는 경우를 제외하고 다른 개인에게 위임되지 않는다는 것을 의미한다. 핵전력과 관련되어 있는 조직들은 독립적인 지휘체계와 별도의 명령계통을 가지고 지도자 1인에게만 충성하는 사병형태로 구성되어 있으며 추가적인 감시체계를 부과받는다.[15]

이처럼 핵무기는 사인주의 독재정권의 대외위협을 최소화하면서 동시에 지도자의 국내정치적 이익을 극대화하는 역할을 수행한다. 정권안보(regime security)와 국가안보(state security) 차원 모두에서 사인주의 독재자들에게 가장 선호할 만한 대안인 것이다.

2.2 | 김정은 시기 권력구조의 변화: 당군관계의 정상화

2017년, 김정은은 집권 5년차를 맞이했다. 김정일 국방위원장이 오랜 기간 후계자 수업을 받으면서 단계적인 권력이양 과정을 거쳤던 것과는 대조적으로, 김정은으로의 정권승계는 비교적 짧은 시간 안에 완료되었다. 2009년 3월 국가안전보위부장으로 공식활동을 시작한 김정은은 2010년 9월 제3차 당대표자회에서 당중앙군사위원회

---

14 이에 대한 자세한 설명은 김보미, 「김정은 정권의 핵무력 고도화의 원인과 한계: 북한의 수직적 핵확산과 정권안보」, ≪국방정책연구≫, 제33권 제2호(2017), pp. 42~45.

15 이근욱, 「국제체제의 안정성과 새로운 핵보유 국가의 등장: 21세기의 핵확산 논쟁」, ≪사회과학연구≫, 제15권 2호(2007), p. 293.

부위원장 직위에 올라섰고 10월 10일 조선인민군 열병식에서 후계자로 공식 확정되었다. 2011년 12월 김정일의 사망으로 최고사령관 지위를 이어받으면서 김정은으로의 정권이양은 더욱 급격하게 진행되었다. 2012년 4월, 김정은은 제4차 당대표자회와 최고인민회의 제12기 제5차 회의를 통해 당 제1비서, 당정치국 상무위원, 당중앙군사위원장, 국방위원회 제1위원장 등 당·정·군의 최고직위를 모두 독점했으며, 같은 해 7월에는 당 정치국회의를 통해 공화국 원수 칭호를 수여받음으로써 북한의 최고지도자로 군림하게 되었다. 2016년 5월 9일, 36년 만에 개최된 제7차 조선로동당 대회에서 김정은은 조선로동당 위원장직에 추대되었다.

김정은은 이처럼 단기간에 선대로부터 수령제를 계승했다. 동시에 권력기구의 재편 및 인사교체를 통해 당국가체제(party-state system)로의 복귀를 꾀했다. 이로써 당이 권력의 핵심으로 재부상하고 군에 대한 당적지도와 당 우위의 당군관계로의 전환이 일어났다. 2012년 당료 출신인 최룡해가 조선인민군 총정치국장에 임명되어 군부장악에 나선 이후 군부 상층부의 빈번한 교체가 이루어졌고 군 핵심인물들의 계급도 강등되었다. 인사결정과 같은 군부의 조직 문제는 당중앙군사위원회의에서 논의되었으며, 김정은은 각종 군사훈련을 참관하거나 직접 지도함으로써 수령의 영도하에 군에 대한 당적통제를 관철시키려 하는 모습이 눈에 띄었다.[16] 2016년 6월 29일에 열린 제13기 제4차 최고인민회의는 국가주권의 최고지도기관으로서 국무위원회를 신설하고 김정은을 위원장에 임명했다. 동시에 김정일 시대

---

16 김갑식, 「김정은 정권의 수령제와 당·정·군 관계」, ≪한국과 국제정치≫, 제30권 1호(2014), p. 48.

의 핵심 통치기구였던 국방위원회가 해체되고 김정은의 국방위원회 직책이었던 제1위원장직 역시 폐지되었다. 신설된 국무위원회에는 군 대표뿐만 아니라 최룡해 당중앙위원회 부위원장, 박봉주 총리 등 당과 내각을 담당하는 인물들이 대거 포함되었다.

이러한 정치적 변화는 김정은을 중심으로 한 새로운 지배체계의 확립으로 평가할 수 있으나, 다른 한편으로 김정은의 군부장악력이 아직 공고하지 않다는 의미로도 해석될 수 있다. 일반적으로 지도자의 생존은 비군사적 요소에 의해 결정되지만 사인주의적 독재정권에서는 지도자의 생존이 군대의 조직력을 장악하는 능력에 달려 있다.[17] 아버지인 김정일 국방위원장의 경우, 군부장악에서 나오는 자신감을 바탕으로 '선군정치'를 전개하여 직면한 리더십의 위기에 적극적으로 대응했다. 반면 김정은은 선군시대에 비대해진 군부의 힘을 빼고 재래식 전력을 담당하는 군부의 성장을 의도적으로 억제하고 있다. 군 간부들에 대한 직위 강등, 은퇴, 재임용 등 다양한 감시와 통제 수단들을 동원하여 당 우위의 당군관계를 유지하려 하는 한편, 갈등적 당군관계에서 파생될 쿠데타의 위험성을 '공포정치'를 통해 억누르고 있는 것이다.[18] 김정은의 집권 이후 리영호 인민군 총참

---

17 군부의 성장이 쿠데타의 가능성을 높일 경우, 지도자는 정권안보와 전투효율성 (battlefield effectiveness) 사이의 불균형 문제를 고민하게 된다. 정권안보를 강화하면 전투효율성이 떨어지고, 반대로 전투효율성에 무게를 두면 정권안보가 약화되기 때문이다. Way and Weeks, "Making It Personal", p. 79. 이러한 측면에서 볼 때, 군조직을 형성하는 과정에 외부위협보다 국내적 위협이 더 중요한 영향을 끼친다고 할 수 있다. Talmadge, "Different Threats, Different Militaries", p. 119.

18 2012년 10월 29일, 김정은은 김일성군사종합대학에서 한 연설에서 "당과 수령에게 충실하지 못한 사람은 아무리 군사가다운 기질이 있고 작전 전술에 능하다고 해도 우리에게는 필요 없다"며 군인으로서 갖추어야 할 가장 중요한 덕목

모장을 비롯하여 황병서 총정치국장, 현영철 인민무력부장, 변인선 군 총참모부 작전부장, 마원춘 국방위원회 설계국장 등 군 간부에 대한 대대적인 숙청이 진행되었으며 군부 숙청은 지속적인 증가추세에 있다.[19]

　이 같은 핵심보직의 잦은 인사교체와 직위해제는 김정은을 중심으로 하는 유일지배체계에 군부가 여전히 위협적인 세력임을 방증한다. 비록 재래식 군대의 중요성이 감소하고 군부의 역할이 축소되고 있더라도, 북한에서 군은 사회질서 유지와 경제생산에서의 노동력 제공 등으로 여전히 체제보위에 핵심적 역할을 수행하고 있다. 또한 단기간에 이루어진 정권승계는 김정은의 능력에 의해 쟁취된 것이 아니라 김일성과 김정일로부터 이양받은 것이다. 따라서 권력의 정당성을 주장하기 위해서도 김정은은 선대의 유산인 주체사상과 선군정치를 일정 정도 계승해야 하는 의무를 지닌다. 이 때문에 앞으로도 정권장악력이 견고하지 않은 가운데 당군관계의 긴장성이 높은 수준에서 지속된다면 김정은과 당 지도부의 군부에 대한 견제는 계속될 것이다. 군부 사이의 정보공유를 막기 위한 목적으로 군 내 수평적 대화를 제한하고 수직적 대화가 왜곡되도록 유도하거나, 재래식 군사력의 성장을 억제하고 군인들의 직위를 빈번하게 교체하고 해제함으로써 군부 조직을 약화시키는 것이다.[20]

은 바로 수령에 대한 절대복종임을 강조한 바 있다. 〈연합뉴스〉, 2012년 11월 2일.

19　2016년 국가안보전략연구원의 발표에 따르면 김정은의 권력을 공고히 다지기 위해 집권 이후 숙청된 간부만 140명에 달하며, 처형된 간부의 수 역시 매년 급격한 증가 추세를 보이고 있다. 국가안보전략연구원, 『김정은 집권 5년 실정 백서』(서울: 국가안보전략연구원, 2016), 23쪽.

20　Talmadge, *The Dictator's Army*, p. 17.

　　　　　제2부 한국 민군관계와 대한민국 육군

결국 김정은 시대의 당군관계는 군에 대한 당적통제가 유지되면서도 군부의 불만이 잠재되어 있는 불안정한 상태에 놓여 있는 것으로 보인다. 이러한 상황에서 핵무기는 김정은의 유일지배체계의 확립을 위한 수단으로 기능할 가능성이 크다. 최고사령관을 중심으로 하는 단일지도 형식의 핵전력 지휘통제체계를 확립하여 김정은이 지도자로서 국내정치적 권위와 정당성을 구축하도록 하는 한편, 핵무기에 대한 통제권한을 당과 수령이 확고히 틀어쥠으로써 군부의 도전을 철저히 방지하는 것이다.

3 ¹ 북한의 핵전력 지휘통제체계에 대한 예측

3.1 ¹ 평시 북한의 핵전력 지휘통제체계: 독단적 지휘통제체계

성공적인 핵전력 지휘통제체계의 핵심은 지휘권자가 핵무기를 사용하고 싶을 때 언제나(always) 발사될 수 있어야 하고, 평시 핵무기를 사용하지 않을 때에 절대로(never) 작동되지 않아야 한다는 것이다. 전자를 긍정적 통제(positive control), 후자를 부정적 통제(negative control)라고 지칭한다.[21] 그리고 긍정적 통제와 부정적 통제 중 무엇을 강화하느냐에 따라 지휘체계는 민간지도부가 군부에게 보다 많은

---

21 John D. Steinbruner, "Choices and Tradeoffs", in Ashton B. Carter, John D. Steinbruner, and Charles A. Zraket(eds.), *Managing Nuclear Operations* (Washington D.C.: The Brookings Institution, 1987), p. 539. 긍정적 통제와 부정적 통제는 상충관계에 놓여 있으며 이들 사이에서 발생하는 긴장관계를 'always/never dilemma'라고 지칭한다.

핵무기 접근권한을 부여하는 위임된 지휘체계(delegative command and control system)와 국가지도부에 핵통제 권한이 집중되고 군부의 자율성이 극도로 제약되는 독단적 지휘체계(assertive command and control system)로 나뉜다.

표면적으로 보았을 때, 평시 북한의 핵전력은 크게 두 가지 이유에서 지휘권한이 분권화된 위임된 지휘통제체계를 선택하고 있을 것으로 짐작된다. 첫째, 북한의 핵탄두와 운반체계의 성능과 규모까지 종합적으로 판단해 보았을 때 북한의 핵전력은 다른 신흥 핵보유국들에 비해 취약성이 높을 것으로 예상된다.[22] 북한의 핵탄두는 약 20개가량의 소규모인 것으로 추정되며 보유한 운반체계 역시 다양화되거나 기술적으로 발달되어 있지 않다. 또한 지역 내에 한국, 일본 등 적성국들이 존재하기 때문에 짧은 경고 시간 내에 전투태세를 갖추어야 한다. 특히 적성국이 성공적인 지휘부 참수작전 능력을 갖추고 있을지 모르기 때문에 이에 대한 대비가 신속해야 한다. 이 같은 사실을 바탕으로 북한의 지휘통제체계를 예상해 본다면 적의 기습공격(surprise attack)에 신속히 대응할 수 있고 비교적 짧은 시간 내에 보복공격(retaliatory attack) 명령을 지시할 수 있는 군부에게 위임된 형태가 바람직하다.

둘째, 김정은 정권의 적대적인 대외인식과 호전성은 언제든지

---

22 소규모 핵보유국들은 적에 의해 핵무기가 파괴되기 전에 핵무기를 사용해야 한다는 강한 동기를 부여받고 긍정적 통제를 강화해야 할 필요성을 느끼게 된다. 이와 같이 외부위협이 핵전력 지휘통제체계를 결정하는 데 중요한 요인이 되는 경우에는 군부에게 핵전력에 대한 자율성을 보다 더 많이 위임하는 형태의 지휘체계를 선호하게 된다. Peter D. Feaver, "Command and Control in Nuclear Emerging States", *International Security*, Vol. 17. No. 3(1992/1993), p. 178.

제2부 한국 민군관계와 대한민국 육군

핵선제공격을 불사할 수 있다는 주장으로 이어져 왔으며, 이는 북한이 위임된 지휘통제체계를 취하고 있을 것이라는 데에 힘을 실어준다. 북한 정권은 그간 높은 피포위 의식(siege mentality)을 드러내면서 "사소한 침략 징후라도 보이면 가차없이 핵선제 타격을 가하겠다"든가 "핵탄두들을 임의의 순간에도 쏴버릴 수 있게 항시적으로 준비해야 한다"고 위협하는 등 미국에 선제타격의 가능성을 보여주는 발언들을 서슴지 않았다. 핵전력의 취약성과 북한 체제의 호전적인 특성으로 미루어 보아 김정은 정권은 위임된 형태의 지휘통제체계를 선호할 가능성이 크다.

그러나 다음의 두 가지 국내정치적 변수는 북한에서 핵무기에 대한 접근 및 사용권한을 갖고 있는 사람은 소수에 불과하며, 평시 핵전력 또한 적극적인 형태로 운영되고 있을 것이라는 데에 무게를 실어준다. 첫 번째 변수는 바로 북한의 불안정한 당군관계이다. 통상 불안한 민군관계(혹은 당군관계)에서 오는 군사쿠데타의 위험성을 크게 느끼는 정부일수록, 핵무기에 대한 통제를 강화하며 독단적 지휘체계를 선호할 가능성이 높다.[23] 대립적인 민군관계에서 파생하는 이러한 정치적 불안정성의 문제는 대다수의 신흥 핵보유국들에서 발견된다. 이들은 외부의 위협과 내부의 적에 대항해야 하는 이중적 고충을 겪고 있으며 국내정치적 반대세력에 의한 핵쿠데타의 발생가능성을 두려워한다.[24] 따라서 정권수호를 위해 핵무기에 대한 통제권한을 확립하는 일이 매우 중요하다. 또 다른 신흥 핵보유국인 인도는

---

23 Feaver, "Command and Control in Nuclear Emerging States", p. 177.

24 Jordan Seng, "Less Is More: Command and Control Advantages of Minor Nuclear States", *Security Studies*, Vol. 6, No. 4(1997), p. 61.

핵전력에 대한 강력한 문민통제가 이루어지면서 독단적인 지휘통제체계를 채택하고 있다.[25] 이처럼 국내정치적 불안정성을 갖고 있는 국가들은 정치지도자가 군대를 정치화하는 통제방법을 선택하고 지도자는 비밀군사 조직이나 개별적인 명령체계를 활용하여 군대를 통제한다.[26] 대표적으로 소련이 KGB, 이라크가 비밀경찰 조직을 동원하여 군을 감시했던 사례를 들 수 있다.[27]

북한과 같이 전체주의적 성격이 강한 국가에서 핵무기는 정치권력의 상징이자 권력투쟁에 결정적 요소이다. 따라서 당은 군부가 핵무기의 정치적 힘을 활용하지 못하도록 핵무기에 대한 당적통제를 강화하게 된다.[28] 핵전력의 당적통제는 군부에 의한 핵 탈취나 오

---

25   반면 파키스탄에 대해서는 의견이 분분하다. 일반적으로 재래식 전력에서 인도에 열세인 파키스탄은 위기상황에서 신속한 핵무기 사용을 중시하므로 핵전력을 민간의 통제하에 두는 것보다 군부에 위임하는 것이 더 효율적이라는 방향으로 의견이 모아진다. 대표적으로 Vipin Narang, "Posturing for Peace?: Pakistan's Nuclear Postures and South Asian Stability", *International Security*, Vol. 34, No. 3(2009/2010), pp. 65~69. 그러나 카길 전쟁(Kargil War)이나 파라크람 작전(Operation Parakram)의 사례에서도 확인이 가능하듯 인도와 파키스탄 모두 독단적 지휘통제체계를 통해 핵전력을 운영했기 때문에 확전으로의 도박보다는 손실을 최소화하는 결정을 내리게 된 것이라는 견해도 존재한다. Rajesh Rajagopalan, "India: The Logic of Assured Retaliation", Muthiah Alagappa ed., *The Long Shadow: Nuclear Weapons and Security in 21st Century Asia*(Stanford, CA: Stanford University Press, 2008), p. 209.

26   반대로 안정된 민군관계가 형성되어 있는 국가의 군대는 제도적으로 뒷받침되어 있으며 높은 수준의 자율성을 자랑하지만 정치적 임무에는 직접적인 개입을 하지 않는다. 따라서 이들 국가에서는 핵전력 운영체계가 군부에 위임된 형태를 취하더라도 민군 사이의 심각한 갈등은 발생하지 않는다. 대표적으로 미국, 영국, 이스라엘의 군대가 이러한 사례에 해당한다.

27   Feaver, "Command and Control in Nuclear Emerging States", p. 176.

28   김보미, 「북한의 핵전력 지휘통제체계와 핵안정성」, ≪국가전략≫, 제22권 3호

사용의 가능성을 막기 위해서라도 매우 중요하다. 현재 김정은 정권
에서는 당과 수령을 중심으로 하는 핵전력의 기술 개발과 함께 지휘
통제를 담당하는 핵심기관으로서 조선로동당의 역할이 한층 부각되
고 있다. 당중앙군사위원회는 핵무기 생산 결정 및 북한의 군사부문
에서 제기되는 모든 문제를 관할하며 당군수공업부는 핵무기 개발
과 군수산업의 총괄을 책임지고 있다. 또한 탄도미사일 생산 감독과
KOMID 활동을 지시하는 제2경제위원회는 당 군수공업부의 직속기
관이다.[29]

　　무엇보다 핵전력에 대한 당적통제의 강화는 핵·미사일 전력의
운용을 담당하는 전략군이 당과 수령의 지시를 직접적으로 이행하고
있다는 점에서 확인이 가능하다.[30] 『국방백서』는 2014년 창설된 전
략군을 육·해·공군 및 반항공사령부와 동격인 군종사령부로 총참모
부의 지휘를 받는 것으로 명시하고 있다.[31] 그러나 전략군은 정규군
과는 별도의 군종으로서 독립적인 지휘체계를 통해 당과 수령의 지
시를 이행하고 있는 것으로 보인다. 이는 핵전력과 관련한 김정은의
현지지도와 시찰 내용에서 확인된다. 김정은은 2017년 8월 14일, 전
략군 사령부를 시찰하면서 전략군을 "조선로동당의 친솔군종"으로

　　　(2016), 47쪽.

29　5차 핵실험 성명을 발표한 핵무기연구소 또한 군수공업부 산하 핵탄두개발기
　　관인 것으로 밝혀졌다. 〈연합뉴스〉, 2016년 9월 14일.

30　전략군의 창설은 과거 소련, 중국이 핵무기를 다종화, 첨단화하면서 이를 더욱
　　효과적으로 운용하기 위한 군사전략 차원에서 전략로켓부대를 창설했던 사례
　　와 비교할 수 있다. 중·소의 전략로켓부대 역시 육·해·공군이 아닌 별도의 군
　　종으로 취급되었고 군이 아닌 당 국가지도부의 통제를 받았다는 점에서 북한의
　　전략군과 흡사하다.

31　국방부, 『국방백서』(서울: 국방부, 2016), 23쪽.

지칭하고 "우리 당이 결심만 하면 언제든지 실전에 돌입할 수 있게 항상 발사태세를 갖추고 있어야 한다"며 전략군이 조선로동당의 직접적인 지휘를 받고 있는 군사조직임을 명시한 바 있다.[32]

북한 지휘체계를 결정짓는 두 번째 변수는 당 위에 수령, 즉 최고사령관에게 모든 군사적 권한이 집중되어 있다는 것이다. 북한군 내에서 최고사령관의 명령은 당의 명령에 우선한다.[33] 이는 곧 국가안보에 절대적으로 중요한 핵전력과 관련된 결정사항들은 최고사령관인 김정은이 전권을 가지는 "극단적으로" 적극적인 지휘체계가 구축된다는 의미이다.[34] 최고사령관의 독점적 지시에 따른 핵전력의 운영은 2013년 4월 1일 최고인민회의 법령 「자위적 핵보유국의 지위를 더욱 공고히 할 데 대하여」에도 나타나 있다. 동 법령의 4조는 북한의 핵무기는 "조선인민군 최고사령관의 최종명령에 의하여서만 사용할 수 있다"고 명시함으로써 핵무기에 대한 김정은의 특권적 지위를 법률로써 보장했다.[35] 4차 핵실험과 6차 핵실험 직후, 공영매체인 〈조선중앙통신〉은 김정은 국무위원장이 군수공업부의 핵실험 승인 요청을 허가하는 친필 서명을 공개했다. 김정은은 2017년 7월 4일에도 ICBM의 시험발사를 요청하는 국방과학원의 서류에 서명했으며 11월 29일에는 군수공업부에 화성-15형의 발사지시명령을 내렸다. 북한은 주요 핵실험과 미사일 발사시험 직후 김정은의 발사지시 서명이나 최종명령을 내리는 사진 등을 언론에 공개해왔다. 이는 북

---

32 ≪로동신문≫, 2017년 8월 15일.

33 고재홍, 「북한군의 비상시·평시 군사 지휘체계 연구」, ≪통일정책연구≫, 제14권 제2호(2005), 143쪽.

34 김보미, 「북한의 핵전력 지휘통제체계와 핵안정성」, 37~58쪽.

35 〈조선중앙통신〉, 2013년 4월 2일.

한의 핵미사일 시험발사가 최고권력자 개인의 명령이라는 단일지도 형식에 의해 추진되고 있음을 확인시켜주는 것이었다.

이처럼 북한은 평시 불안정한 당군관계가 초래할 수 있는 핵무기의 탈취가능성을 예방하고 최고사령관에 의한 핵무력의 일원적 지휘체계의 구축 등을 이유로 독단적 지휘통제체계를 유지하고 있는 것으로 보인다. 물론 북한이 핵전력 지휘통제체계의 형태를 결정하는 데 대외위협 요인을 무시할 수는 없을 것이다. 그러나 평시에는 대외위협보다 국내정치적 요인이 지휘체계의 형태를 결정하는 데 있어 지배적인 변수로 작용하는 것으로 판단된다. 평시 핵전력에 대한 직접적이고 유일한 관리체계를 수립하는 것은 김정은의 국내정치적 권력기반의 확립과 정당성 확보에 매우 중요한 문제이기 때문에 긍정적 통제의 강화에 초점을 맞추는 것이다.[36]

3.2 ┃ 위기 시 북한의 핵전력 지휘통제체계: 위임된 지휘통제체계

이처럼 평시 북한의 핵전력은 극단적으로 독단적인 형태로 운영되고 있는 것으로 보인다. 대다수의 핵보유국들은 첫 핵실험에 성공하고 난 직후, 소위 "무기 쇼크(weapon shock)"에 사로잡혀 독단적인 핵무기 통제형태를 취해야 할 강한 동기를 갖곤 했다. 핵무기라는 가

---

36 2016년 귀순한 태영호 전 주영 북한 공사는 김정은이 장기집권의 토대를 마련하기 위해서는 '업적'이 필요하고 핵과 미사일이 훌륭한 명분이 될 수 있다고 강조했다. 2017년 3월 6일 동해상으로 미사일 4발을 발사한 사실에 대해서도 "전략로켓군에 대한 김정은의 유일적 영도체계를 수립하는 시험"이자 "전략로켓 관리도 군 총참모부가 아닌 김정은 자신에게 있다는 점을 과시한 것"이라고 주장했다. ≪국민일보≫, 2017년 5월 29일.

공할 만한 파괴력을 가진 무기를 갖게 된다는 것은 평시 우연이나 실수에 의한 핵무기 오사용의 두려움을 증폭시켰기 때문이다.[37] 이 같은 독단적 지휘통제체계에서는 민간지도부에 핵통제권한이 집중되는 대신 군부의 자율적 운영능력이 제한되면서 핵전력이 안정적으로 운영될 수 있다는 장점이 있다.

그러나 독단적인 지휘체계하에서는 핵전력에 대한 운영상의 비효율성과 유연성 문제에 직면할 가능성이 높아지면서 핵무기의 억지력이 약화될 수 있다. 북한은 2016년 8월 이래 '우리식의 선제타격'을 주장하면서 미국의 선제공격 조짐이 드러나는 즉시, 먼저 핵공격을 개시하겠다는 입장을 밝혀오고 있다.[38] 그러나 독단적 지휘체계하에서는 중앙의 명령을 주변에서 전달받기까지 상대적으로 긴 시간이 소요될 뿐만 아니라 무기사용 절차가 상대적으로 복잡하여 위기상황에서 즉각적인 적응태세를 갖추는 데 어려움을 겪을 가능성이 크다. 특히 지휘통제권한을 가진 국가지도부에 대한 참수공격(decapitation strike)이 성공으로 끝날 경우에는 지휘시스템이 완전히 붕괴됨으로써 국가안보 전체가 취약해지는 사태가 발생할 수 있다.

따라서 핵전력의 지휘통제체계의 형태를 결정할 때에는 민군관계(혹은 당군관계), 외부위협 요인과 핵전력의 크기 등을 총체적으로 고려하여 위임된 지휘통제체계와 독단적 지휘통제체계 사이의 균형을 찾는 것이 바람직하다. 북한 역시 평시에는 독단적 지휘체계를 운영

---

37 Feaver, "Command and Control in Nuclear Emerging States", pp. 172~173.

38 북한이 2017년 8월 총참모부 대변인 성명을 통해 정의한 '우리식의 선제타격'은 "미국의 선제타격기도가 드러나는 그 즉시 서울을 불바다로 만들고 남반구 전 종심에 대한 동시타격과 함께 태평양작전전구의 발진 기지들을 제압하는 전면적인 타격"이다.

할지라도, 전시와 최고사령관의 유고·사망 등 위기 시에는 이에 상응하는 별도의 명령체계를 마련하여 긴박한 상황에 대비하고 있을 것으로 예상된다. 조선인민군은 부대지휘와 관련해서 최고사령관을 포함한 군사지휘관의 군사적 권한을 비상시와 평시로 나누어 구분하고 있으며, 북한의 지휘통제체계 역시 비상시와 평시에 따라 구분되어 진행되는 것으로 알려졌다. 북한에서 비상시기라고 한다면 국가안보에 위협이 되는 사안의 정도에 따라 최고사령관이 선포하는 기간으로 주로 전쟁 또는 전쟁에 준하는 국가의 위기상황을 의미한다. 전쟁에 준하는 위기는 구체적으로 최고통수권자가 사망했을 경우를 뜻한다.[39]

만약 최고사령관의 사망과 같은 위기상황이 발생한다면, 이때에는 당중앙군사위원회가 핵전력에 대한 집단지도를 행사할 가능성이 있다. 외부위협에 대한 인식의 수준이 매우 높은 북한 정권이 신속한 결정을 내려야 하는 위기상황에서 새로운 인물을 선출하여 김정은이 가진 모든 직책과 권한을 부여하기는 어려울 것이다. 따라서 최고사령관이 공석인 과도기간에는 대외적으로 국무위원장직의 대행을 두되, 당중앙군사위원회가 핵전력에 대한 집단지도를 행사할 가능성이 있다.[40] 당중앙군사위는 북한 내 일체 무력을 지휘·통솔할 수 있으며(당규약 제27조), 전시사업세칙을 포함하여 수많은 군사 관련 명령을 지시하고 정기회의와 임시회의 등을 개최하여 주요 국방문제 관련 사항을 처리하는 중요한 기관이다.[41]

---

39   고재홍, 「북한군의 비상시·평시 군사 지휘체계 연구」, 136~147쪽.

40   김보미, 「북한의 핵전력 지휘통제체계와 핵안정성」, 50쪽.

41   고재홍, 「북한군의 비상시·평시 군사 지휘체계 연구」, 145~147쪽.

2012년 개정된 전시사업세칙에서는 전시사업 총괄 지도기관 역시 종전 국방위원회에서 당중앙군사위로 변경되었음을 밝히고 있다.[42] 이는 권력운영의 중심이 군에서 당으로 옮겨진 국내정치적 상황을 지휘체계에도 반영한 것으로 보인다. 2004년에 공개된 전시사업세칙에서는 전군과 인민은 비상시에 최고사령관의 지시에 따르도록 설계되어 있었으며, 과거 김일성·김정일 시기에는 군사작전과 관련하여 최고사령관이 일체 무력에 대해 단일지도 형식의 초법적인 지휘통솔권을 행사할 수 있도록 되어 있었다.[43] 그러나 새로 개정된 전시사업세칙에는 조선로동당의 권한과 역할이 한층 강화되어 전시상태의 선포 역시 최고사령관 단독에서 당중앙위, 당중앙군사위, 국방위(현재 폐지), 최고사령부의 공동명령으로 수정되었다.[44] 이처럼 전시사업세칙이 위기 시 여러 통치 및 군사기관의 공동결정과 당 중심의 지휘를 명시한 것은 북한이 지도부의 참수작전에도 유연하게 대처할 수 있는 최소한의 제도적 기반을 갖추고 있음을 보여준다.

이에 따라 최고사령관의 사망·유고라는 사태가 발생할 경우, 북한의 핵전력 지휘통제체계는 당을 중심으로 하여 일시적으로 위임된 지휘통제체계로 전환될 가능성이 높다. 물론 북한 권력의 2인자로 추정되는 최룡해 조선로동당 중앙위원회 부위원장이 국무위원회를

---

42 〈연합뉴스〉, 2013년 8월 22일. 전쟁에 대비해 북한 당·군·민간의 행동지침을 적은 전시사업세칙에는 2004년 제정된 세칙에 없었던 '전시선포 시기' 항목이 신설되어 포함되었으며 전쟁의 선포 주체 및 전시지도기관의 변경이 언급되었다.

43 고재홍, 「북한군의 비상시·평시 군사 지휘체계 연구」, 130쪽.

44 김정은은 최고사령관뿐만 아니라 당 위원장, 당 중앙군사위원장 등을 겸하고 있다. 따라서 모든 군사적 결정에서 그의 선택이 가장 큰 영향을 미칠 것이라는 사실은 변하지 않는다. 다만 그의 유고 시에는 군사문제에서 당의 집체적 지도가 가능해진다.

주도하면서 당중앙군사위의 집체적 지도를 통해 군을 통제할 수도 있다. 그러나 이 경우에는 최고지도자를 제외하고 누구에게도 절대적인 권력을 허락하지 않는 북한체제의 특성상, 김정은 개인이 핵에 대한 통제권한을 갖고 있을 때와는 달리 특정인에게 권한이 집중되지 않도록 많은 제약이 뒤따를 것이다. 중앙과 주변부를 연결하는 통신체계 역시 중첩적으로 존재하여 복수의 명령을 서로 검증하는 형태로 군부대에 전달될 것으로 보인다.[45]

결과적으로 북한의 지휘통제체계는 평시에는 내부의 위협이 지배적인 요인이기 때문에 중앙의 강한 핵통제력을 선호하게 되면서 독단적인 형태를 취하다가, 최고사령관의 사망과 같은 비상시에는 외부위협 요인이 지배적인 변수가 되면서 일시적으로 위임된 형태로 바뀔 가능성이 높다.

4 │ 당군관계의 불안정성이 가져오는 지휘통제체계의 문제

현재 김정은 정권은 유일지배체계의 확립을 위한 수단으로 핵무기를 선택하고 이에 대해 최고사령관을 중심으로 하는 단일지도 형식의 지휘체계를 확립함으로써 잠재적 위협세력인 군부의 성장을 의도적으로 억제하고 있는 것으로 보인다. 앞으로도 북한은 대외위협에 대처하고 국내정치적 기반을 확립하기 위해 핵과 미사일을 내세운 군사력 강화, 즉 "핵무력 중추의 자위적 국방력 강화"에 집중할 것

45　이근욱, 「북한의 핵전력 지휘-통제 체계에 대한 예측: 이론 검토와 이에 따른 시론적 분석」, ≪국가전략≫, 제11권 3호(2005), 110쪽.

으로 예상된다. "핵무력 중추의 자위적 국방력 강화"는 경제핵무력 병진노선을 제시한 2013년 3월 조선로동당 중앙위원회 전원회의에서 최초로 언급된 이후 북한 핵전략의 핵심으로 자리매김해왔다. 유일사상 10대원칙 개정 본문에도 실렸으며 2017년 신년사에서도 선제공격능력 강화와 함께 강조된 바 있다.[46]

그러나 향후 지속적인 비대칭 전력의 가치 상승이 일어나면서 재래식 전력과 핵·미사일 전력의 불균형, 재래식 전력을 담당하는 군부에 대한 차별과 소외, 이로 인한 군부의 불만 등 여러 가지 문제점들이 나타날 수 있다. 특히 아직 북한의 핵전력 지휘통제체계가 완벽히 정립되지 않았기 때문에 지휘통제와 관련하여 복잡한 사건들이 발생할 가능성이 높다. 김정은 정권도 이 같은 잠재적 문제점들을 충분히 인지하고 있는 것으로 판단된다. 최근 들어 북한은 핵전력의 발전뿐만 아니라 핵·미사일의 지휘·통제·관리 문제에 있어 최고사령관과 당적통제에도 각별한 신경을 쓰고 있다. 2015년까지는 전략군의 존재와 훈련 내용 등에 대한 강조가 높았으나, 2016년에 들어서는 전략군의 전략적 중요성과 핵무력 자체의 '유일적 영도체계'와 '유일적 관리체계'가 강조되기 시작한 것이다.[47]

2016년 3월 10일, 김정은이 단거리 탄도미사일 발사훈련을 참관하면서 핵무력에 대한 유일적 영군체계를 세울 것을 최초로 언급한 이후 최고사령관을 중심으로 한 지휘체계와 관련한 발언이 이어져 오고 있다. 김정은은 6월 22일 원산지역에서 무수단 중거리탄도미사

---

46 김정은은 2017년 신년사에서 "핵무력을 중추로 하는 자위적 국방력과 선제공격 능력을 계속 강화해나갈 것"이라고 선언했다.

47 정성윤·이동선·김상기·고봉준·홍민, 『북한 핵 개발 고도화의 파급영향과 대응방향』(서울: 통일연구원, 2016), 234쪽.

일 2발을 동해로 발사한 후 "전략적 핵무력에 대한 유일적 영도와 유일적 관리체계"를 더욱 철저히 세울 것을 강조했다. 2017년 3월 6일 주일미군기지를 타격하기 위한 탄도미사일 4발을 시험발사한 후에도 김정은은 "당 중앙(김정은)이 명령만 내리면 즉시 즉각에 화성포마다 멸적의 불줄기를 뿜을 수 있게" 기동준비, 진지준비, 기술준비, 타격준비를 빈틈없이 갖추라고 명령함과 동시에 "전략무력에 대한 최고사령관의 유일적 영도·지휘관리 체계를 확고히 세울 것"을 제시했다.[48] 2017년 8월 14일에도 김정은은 전략군 사령부를 시찰하고, 전략군은 핵무력에 대한 "최고사령관의 유일적 령도체계, 유일적 지휘관리체계를 확고히 세워야 한다"고 강조했다.

이처럼 김정은은 그동안 수차례의 미사일 시험발사를 참관하면서 "조선로동당 중앙위원회 책임일꾼들과 핵무기 연구부문의 과학자, 기술자들, 조선인민군 전략군 지휘성원들"에게 핵무력에 대한 유일적 관리체계를 철저히 세울 것을 지시해왔다.[49] 김정은의 훈련지도 및 참관 현장에는 리병철 당 제1부부장·김정식 당 부부장과 김락겸 전략군사령군, 박영래 전략군 중장, 다수의 핵무기 및 로켓 연구부문 과학자와 기술자들이 포함되어 있었고 이들이 핵전력 지휘체계의 확립에 관여되어 있는 인물로 추측된다. 그러나 아직까지 어떤 식으로든 지휘체계의 설립이 완료되었다는 내용은 확인되지 않았으며, 김정은은 전략적 가치가 높은 핵무기체계에 대한 수령 직할관리체계를 확고히 해야 하는 문제를 거듭 지시만 내리고 있는 상태이다.

핵전력 지휘통제체계가 확립되지 않았다는 사실은 당과 수령에

---

48   〈조선중앙통신〉, 2017년 3월 7일.

49   정성윤 외, 『북한 핵 개발 고도화의 파급영향과 대응방향』, 234쪽.

의한 군의 통제문제가 완벽히 해결되지 않았고 핵무력을 둘러싸고 당군관계에 갈등요소가 잠재하고 있음을 의미한다. 구체적으로 첫째, 핵무기가 군의 조직문제와 관련하여 새로운 갈등요인들을 유발할 가능성이 있다. 일반적으로 재래식 무기와는 달리 핵무기는 특정 병종에 종속되지 않는다. 이 때문에 핵무기의 관할 조직은 일종의 특권을 누리게 되는데, 육·해·공군은 핵무기를 자신의 병종에 편입시키기 위해 각기 보유한 운반수단을 어필하는 방식으로 경쟁한다.[50] 또한 핵무기와 같은 새로운 무기체계의 등장은 군사전략의 변화뿐만 아니라 군사제도의 변화까지 일으킨다. 기존의 조직이나 지휘체계에 새로운 무기체계를 포함시키는 과정에서 당군 사이에 갈등이 발생할 여지가 있다.

이 같은 문제를 해결하기 위해 김정은 정권은 핵무력만을 취급하는 별도의 군사조직, 즉 전략군을 신설하여 최고사령관과 당에 의한 일원적 지휘체계를 확립하려 하고 있다. 전략군의 창설은 복잡한 중간과정 없이 최소한의 조직적 요구사항만을 갖춘 단순한 구조의 핵전력 지휘통제체계를 구축할 수 있게 한다. 또한 전략군은 육·해·공군과 별도의 수령 직속의 군종으로서 위기상황에서 최고사령관의 발사명령을 신속하고 효율적으로 수행하는 역할을 담당할 것으로 예상된다.

그러나 향후 지속적인 핵전력의 증강에 비례하여 핵 관련 조직과 부대 역시 커질 것으로 예상되는바, 기존의 전통적인 군종, 병종 간 체계를 재편성하는 과정에서 재래식 군사력과 핵전력의 균형 문제에 직면할 수 있다. 그뿐 아니라 핵무력 구조가 확장될수록 전략군

---

50   Horowitz, *The Diffusion of Military Power*, pp. 105~106.

과 다른 정규군과의 합동군사훈련은 필수적으로 이에 대비하여 지휘구조를 재설정해야 할 것이다.[51] 실제로 북한은 핵무기의 도입과 핵무력의 확장으로 발생할 수 있는 조직적 문제에 깊은 고민을 갖고 있는 것으로 보인다. 2015년 북한이 '4대 전략적 노선과 3대 과업'에서 제시한 '다병종의 강군화'는 육·해·공군 및 반항공군 등과 전략군 사이를 유기적으로 연계하는 새로운 전략과 전술의 필요성을 강조하고 있다.[52]

둘째, 상호신뢰가 부족한 경직된 당군관계로 인해 핵전력 지휘체계가 원활하게 작동되지 않을 가능성이 있다. 북한 정권 특유의 폐쇄성, 지나친 감시와 통제 시스템은 핵을 관리하는 집단 내 소통의 부재와 경쟁 집단 사이에 갈등을 초래할 수 있다. 핵확산 낙관론자들 (nuclear optimists)의 일관된 주장은 소규모의 핵무기는 통제와 감시에 유리하기 때문에 핵전력의 안정적인 운영에 도움이 되며, 엄격한 지휘체계에서 오는 경직성을 완화한다는 것이었다.[53] 그러나 보유한 핵무기가 소규모이기 때문에 반드시 위기상황에서 항상 민첩하게 대

---

51 북한과 달리 파키스탄에서는 핵전력을 담당하는 별개의 군종을 창설하지 않고 핵전력이 나뉘어져 육·해·공군 안에 포함되어 있다. 전략무력명령(Strategic Forces Commands, SFC)이라는 조직이 각 병종에 소속되어 운반수단을 운영한다. Sébastien Miraglia, "Deadly or Impotent?: Nuclear Command and Control in Pakistan", *Journal of Strategic Studies*, Vol. 36, No. 6(2013), pp. 845~846.

52 특히 '다병종'은 2014년 김정은의 군사부문 연설 및 현지지도 보도에서 강조되기 시작했는데, 현대전의 요구와 양상에 맞게 병종 간 유기적 협동전술 체계를 갖출 것을 요구하고 있다. 정성윤 외, 『북한 핵 개발 고도화의 파급영향과 대응방향』, 222~223쪽.

53 Peter D. Feaver, "Neooptimists and the Enduring Problem of Nuclear Proliferation", *Security Studies*, Vol. 6, No. 4(1997), p. 98.

처할 수 있는 것은 아니다. 김정은 정권의 폐쇄적인 성향과 당·군 간부들에 대한 공포정치는 핵전력의 운영에 경직성을 일으킬 가능성이 크다. 실제로 조선인민군 수뇌부, 전문성을 내세워 등장한 야전 전투 전문가와 핵·미사일 테크노크라트 등 핵전력과 연계된 모든 집단 사이에서 김정은에 대한 맹종만이 강요되고 수평적 대화가 제한되면서 신뢰와 의사소통의 부재가 지적된 바 있다.[54]

이로 인해 평시 독단적인 지휘체계에서 위기 시 위임된 지휘통제체계로의 전환이 늦어지면서 신속한 대응에 차질을 빚거나, 핵무기의 무허가 혹은 부주의한 발사가 우려된다. 특히 SLBM은 불안정한 지휘체계에서 오는 위험성이 더 크다. 대체로 지상에서 핵미사일은 탄두와 본체를 분리보관함으로써 우발적 사고의 가능성을 차단하지만, 잠수함 안에서는 승조원의 오인이나 실수, 독단적 판단에 의한 미사일 발사 시도를 막을 수 있는 물리적 방법이 사실상 존재하지 않기 때문이다. 이 같은 상황에서 참수작전이 성공하거나 상부의 지휘체계가 붕괴되었을 때, 해군과 전략군 간의 의사소통의 부재로 인해 혹은 통신수단의 기술적 오류가 잘못된 신호인지를 일으켜 재앙적 핵사고를 초래할 가능성이 있다.[55] 또한 북한이 갈등의 어떤 국면에서 핵무기를 사용해야 할 것인가, 2인감시태세(two-man rule) 등 군사지휘관 개인의 판단에 따른 충동적인 핵사용 결정을 막을 안전조치

---

54 〈연합뉴스〉, 2016년 2월 21일.

55 Vipin Narang and Ankit Panda, "Command and Control in North Korea: What a Nuclear Launch Might Look Like", *War on the Rocks*, September 15, 2017, p. 4, https://warontherocks.com/2017/09/command-and-control-in-north-korea-what-a-nuclear-launch-might-look-like/; Feaver, "Neooptimists and the Enduring Problem of Nuclear Proliferation", p. 111.

들은 마련되어 있는가가 또 다른 문제가 될 것이다.

셋째, 핵무력 구조를 확장하는 과정에서 핵전력을 담당하는 당과 재래식 군사력을 담당하는 군부 사이에 갈등이 발생할 수 있다. 일반적으로 대규모의 핵전력을 구축하는 국가들은 적대국으로부터 심대한 안보위협에 처해 있기보다 자원이 풍부하고 보호해야 할 동맹국들이 많은 강대국들이었다. 높은 수준의 위협에 노출된 국가라고 할지라도 경제적 한계에 직면해 있는 경우 특정 종류의 핵무기만을 보유하는 경향이 있으며 핵전력의 다종화(diversification)와는 특별한 상관관계를 보이지 않는다.[56] 실제로 북한의 최종목표가 "미국과 힘의 균형을 이룩하는 것"이라고는 하나 북미 간에 핵전력의 차이는 매우 크기 때문에 대등한 핵억지 관계의 형성이 사실상 불가능하다.[57] 그렇다면 북한의 경제력과 군사 기술력에 비추어 보았을 때 효율적 방어를 위해서는 몇 종류의 무기에 대한 집중적인 투자가 바람직할 것이다.

향후 북한은 운반체계의 다종화에 따른 자원조달과 비용확보의 문제에 직면하게 될 가능성이 크며 예산문제를 둘러싸고 당군 간에

---

56 Erik Gartzke, Jeffrey M. Kaplow, and Rupal N. Mehta, "The Determinants of Nuclear Force Structure", *Journal of Conflict Resolution*, Vol. 58, No. 3(2013), p. 501.

57 2017년 9월 25일, 북한이 공개한 「세계 여러 나라 정당들에 보내는 공개편지」에서는 "조선로동당의 전략적 핵무력 건설 구상은 철두철미 세기를 이어 계속되어오는 미국의 핵위협을 근원적으로 끝장내고 미국의 군사적 침략을 막기 위한 전쟁억지력을 마련하는 것이며 우리의 최종목표는 미국과 힘의 균형을 이룩하는 것입니다"라며 북한의 핵전략이 미국으로부터의 핵위협을 억지하는 데 초점을 맞추고 있음을 명시하고 있다. 나아가 질량적으로 미국과 견줄 수 있을 정도의 핵능력을 갖추는 것이 북한의 핵전력 증강의 최종적 목표임을 주장하고 있다. ≪로동신문≫, 2017년 9월 25일.

갈등이 벌어질 수 있다. 추가적인 무기개발 비용뿐만 아니라 무기를 익숙히 다루는 데 걸리는 시간 등을 총체적으로 고려한다면 성공적인 방어를 위해 반드시 다종화가 필요한 것인지 정권 내부에서 의문이 제기될 수 있다. 현재 김정은 정권은 SLBM의 플랫폼으로 발사관이 1개인 직경 약 7m가량의 신포급(고래급) 잠수함을 사용하고 있으나, 미사일의 수적 증강에 맞추어 신포조선소에서 SLBM 발사관 2~3기(직경 10m 이상)를 갖춘 신형 잠수함을 건조 중인 것으로 알려졌다.[58] 이와 반해 북한의 재래식 전력은 대내안보와 대외적 위협 방어, 기타 사회적 목적 등을 위해 거대한 규모를 유지하겠지만 핵프로그램에 대한 우선적 투자와 군부의 권한 약화로 효율성이 낮은 상태일 것으로 예상된다. 재래식 무기에 대한 투자 역시 핵무기의 불완전성을 보완하는 종류에 한정하여 우선적으로 개발될 가능성이 크다. 따라서 김정은 지도부는 극심한 경제적 압박 속에서 새로운 플랫폼 건조를 위한 자원조달과 비용확보의 문제를 해결해야 하는 동시에 예상되는 군부의 반발에 효과적인 대응방안까지 모색해야 할 것으로 보인다. 다만 정치적 명분을 매우 중시하는 북한 정권의 특성상, 언제까지 미국에 의한 생존위협을 강조함으로써 핵개발에 따른 경제적 부담과 내핍을 정당화할 수 있을 것인지 예상하기 매우 어렵다.[59]

이처럼 북한의 지휘통제체계는 핵전력이 질량적으로 강화됨에 따라 당과 재래식 전력을 담당하는 군부 간에 갈등을 노정할 가능성

---

58   Joseph S. Bermudez Jr., "Is North Korea Building a New Submarine?", *38 North*, 30 September, 2016, https://38north.org/2016/09/sinpo093016/

59   김보미, "김정은 정권의 핵무력 고도화의 원인과 한계," p. 58. 이미 북한의 국방비 지출은 총액 10억 달러 정도로 GDP 대비 전 세계 1위인 것으로 알려져 있다. ≪VOA≫, 2017년 7월 21일.

이 크다. 재정과 자원배분을 둘러싼 조직 간의 이해관계 충돌, 경쟁적 당군관계에서 오는 지휘통제체계의 경직성, 핵무기 고도화의 명분 확립과정에서 오는 군부의 소외현상 등의 문제가 불거질 수 있다.

5 │ 결론: 한국에의 함의

이 장은 북한의 핵무력 고도화의 국내정치적 원인을 조명하고 향후 핵능력 증강에 따라 불거질 수 있는 지휘통제체계의 문제를 논의했다. 일반적으로 북한의 핵무력 고도화의 원인은 김정은 정권의 체제위협인식에서 조명되고 있다. 그러나 핵무기를 보유하게 되면 오히려 핵보유국이 되기 전보다 더 심각한 대외위협에 시달릴 확률이 높다. 합리적 판단에 기초한다면 북한은 미국과 중국 등 국제사회의 안전보장 조건을 수용하고 핵무기를 포기함이 현명하지만 현실은 그러하지 않다.

이유는 국내정치적 배경에 있다. 김정은은 핵무기를 단순 외세의 개입을 저지할 수 있는 담보로서 활용하는 것이 아니라, 국내정치적 도전세력을 굴복시키는 정권안보의 수단으로도 활용하고 있다. 재래식 군사력의 강화는 군의 전문화와 세력화를 촉진시켜 독재자는 군부라는 잠재적 도전세력의 성장을 억제해야 하는 과제를 안게 된다. 그러나 핵무기의 압도적인 위력은 재래식 군사력의 필요성을 희석시키고 재래식 무기의 역할을 핵무기의 불완전성을 보완하는 보조적인 역할수행에 그치게 만듦으로써 전문적인 군인집단의 성장을 저지한다. 김정은은 이와 같은 이유로 핵과 미사일을 핵심으로 하는 군사력 강화에 집중하는 한편, 핵전력에 대한 최고사령관을 중심으로 하는 수직적이고 일원적인 지휘통제체계의 구축을 통해 국내정치적 기반을 확립해 나가고 있다.

그러나 핵전력이 질량적으로 강화되면서 당과 재래식 전력을 담당하는 군부 간에 갈등이 발생할 가능성이 있다. 재정과 자원배분을 둘러싼 조직 간의 이해관계 충돌, 경쟁적 당군관계에서 오는 지휘통제체계의 경직성, 핵무기 고도화의 명분 확립과정에서 오는 군부의 소외현상 등의 문제가 불거질 수 있는 것이다. 북한의 재래식 군사력은 외세위협 방어와 대내안보, 그리고 기타 여러 사회적 목적을 위해 거대한 규모로 유지될 것이나, 핵전력에 대한 선차적 투자와 군부 숙청을 통한 권한 약화로 인해 규모에 비해 비효율적인 상태에 머물러 있을 가능성이 크다. 이로 인해 잠재되어 있던 군부의 불만이 폭발할 경우에는 핵쿠데타가 발생하는 상황도 배제할 수 없다. 그뿐 아니라 핵전력이 발달할수록 다른 군종들과의 합동훈련이 필수적이 될 것이며 즉각적 대응과 운영적 유연성이 요구되면서 지휘통제체계 역시 복잡성을 띠게 될 것으로 보이는바, 불안정한 당군관계는 지휘통제체계의 구축에 갈등적 요소로 잠재할 가능성이 크다.

이 같은 상황에서도 북한은 미사일 시험발사를 통한 핵무력 과시를 지속하고 있다. 2017년 5월 14일, 북한은 대형 핵탄두 장착이 가능한 신형 중장거리 탄도미사일(IRBM) '화성-12형'을 시험 발사해 성공했다. 아직 북한이 본격적인 ICBM 개발에 성공했다고 판단하기는 이르지만, 이후 북한은 북극성-2형(5월 21일), 지대공 유도미사일 KN-06(5월 27일), 스커드 개량형 ASBM(5월 29일) 등을 잇달아 발사했으며, 6월 8일에는 지대함 순항미사일 수 발을 동해로 발사하면서 한층 다양화된 미사일 능력을 과시했다. 결국 북한의 계속적인 미사일 발사시험은 국제사회의 강력한 대북제재 속에서도 수직적 핵확산을 포기할 의지가 없음을 표명하는 것이다. 김정은 정권 역시 지금까지의 국제사회의 대응방식으로는 북한의 태도 변화를 이끌어내는 것이 쉽지 않다는 점을 강조한다.

일부에서는 전쟁수행 능력에 주안점을 두어 대북 억지력 강화를 목표로 능동적인 핵전략을 세워야 한다고 주장하고 있다. 그러나 현시점에서 가장 우려스러운 것은 북한이 핵무력의 고도화에만 심혈을 기울인 나머지 오인이나 사고, 쿠데타에 의한 핵무기 탈취에 의해 핵무기 사용이 일어날 가능성이다. 아직까지 북한이 우발적 사고나 무허가 사용의 가능성에 대비하여 PAL(Permissive Action Links)과 같은 안전장치를 구비했다는 증거는 발견되지 않는다. 미국의 사례에서도 알 수 있듯이 안전장치는 이미 수천 기의 핵무기를 전 세계에 배치한 후에 발명했을 정도로 핵전력 구축의 최종단계에서 완성되었으며 오랜 기간과 노력이 소요되었다. 안전장치는 외부의 지원 없이 단기간 내에 완성하기가 어렵기 때문에, 북한과 같이 자원이 부족하고 핵 관련 정보와 기술에 접근권한이 제한된 국가들은 결국 불완전한 핵무기를 갖추게 된다.[60] 북한의 핵무력 고도화 역시 우려할 만한 일이지만, 핵무력의 양적 증강 및 기술발전 속도와 반비례하는 미흡한 안전장치에 대한 대책 역시 시급하다.

2017년 5월 21일 북극성 2형의 시험발사 후 김정은은 대량생산을 거쳐 실전배치할 것을 지시했다. 북한은 이 같은 무기에 대해 정확성을 과시함으로써 위협수준을 높이는 중요 기술력의 확보를 자랑했으나, 핵무력의 무분별한 사용가능성을 제한하는 방어막에 대해서

---

60 Peter D. Feaver and Emerson M. S. Niou, "Managing Nuclear Proliferation: Condemn, Strike or Assist?", *International Security*, Vol. 40, No. 2(1996), pp. 212~213.

는 일절 언급하지 않았다. 이는 앞으로 한반도가 직면하게 될 위험이 무엇인지를 암시하고 있다. 만약 북미 양측의 상호 신뢰가 극도로 낮은 상태에서, 북한의 행동에 대한 미국의 오인과 북한의 불안정한 지휘통제 시스템이 결합된다면 핵무기의 우발적 사용이 발생할 수 있다. 또한 무엇보다 한국에 실질적인 피해를 주고 있는 북한의 도발은 재래식 군사도발이다. 확전의 가능성을 경계하고 방비를 소홀히 하지 말아야 할 것이다. 이제는 북한의 핵무력 발전과 공격 가능성에 대한 대응태세를 마련하는 것에 만족해서는 안 된다. 이를 뛰어넘는 인식의 전환이 필요한 시점이다.

제3회 육군력 포럼이 개최되었던 2017년은 대한민국 민주화 30주년을 기념할 수 있는 기회였다. 이러한 이유에서 3회 포럼의 주제는 민군관계를 중심으로 기획되었고, 대주제는 "민군관계와 대한민국 육군"으로 선정되었다. 총 6개의 논문이 "민군관계를 어떻게 이해할 것인가"의 문제와 "한국은 민군관계를 어떻게 발전시켜야 하는가"의 두 가지 문제를 중심으로 발표되었다. 이러한 연구의 잠정적인 결론은 무엇인가? 그리고 향후 어떠한 연구가 필요한가?

I. 민군관계에 대한 새로운 시각의 필요성

가장 중요한 사항은 민군관계에 대한 새로운 시각이다. 이론상의 민군관계에 대한 관점은 1957년 헌팅턴이 제시했던 객관적/주관적 문민통제에 기초하고 있으며, 이에 따라 정치 지도자들은 전문성을 가진 장교단의 조언을 수용하고 자율성을 존중해야 한다고 본다. 하지만 현실에서 정치 지도자들은 군 지휘부의 군사력 건설 및 전쟁수행에 지속적으로 개입하며, 자율성이 완벽하게 존중되는 경우는 거의 없다. "전쟁은 다른 수단으로 진행되는 정치의 연속"이라는 클라우제비츠의 주장은 정치 지도자들이 군사력 건설 및 전쟁수행에 개입하는 행동을 정당화시킬 수 있다. 즉, 현실적으로나 논리적으로 정치 지도자들은 장교단의 독자성을 완벽하게 보장하지 않고, 개입해왔으며 동시에 앞으로도 개입할 것이다.

이와 같은 행동은 미국과 이스라엘의 사례에서 잘 드러난다. 정치 지도자들의 개입은 일부 경우에는 긍정적인 결과를 그리고 다른 경우에는 부정적인 결과를 초래했다. 즉, 정치 지도자들이 군사문제에 개입한다는 것을 백안시할 것이 아니라, 개입이 긍정적인 결과로 이어지도록 노력하는 것이 중요하다. 상황이 발생한 이후뿐 아니라 평화 시에 정치 지도자들과 군 지휘부가 지속적으로 대화하고 소통하면서, 서로의 차이를 이해하고 군사적 사항과 정치적 고려를 조화시킬 수 있는 능력을 갖추어야 한다. 이스라엘의 경우에서 나타나는 바와 같이, 이러한 소통과 대화는 특정 조직을 통해서만 이루어지는 것이 아니라 정치 지도자 및 민간 부문에 대한 워크숍과 같은 비정례적이고 비공식적인 방식으로도 가능하다.

두 번째 사항은 이러한 대화 자체에 대한 이해이다. 민군관계에 있어 헌팅턴이 강조했던 대로 전문성을 가진 장교단에 대한 권한위임이 아니라 군사 문제에 대한 정치 지도자의 개입을 인정하고 대화를 강조할 필요가 있다. 이러한 논리적 방향전환은 민군관계를 본인-대리인 문제(Principal-Agent Problem)로 파악하는 것에서 출발한다. 개인이 현실에서 발생하는 모든 문제를 해결할 수 없어 법률문제에서는 변호사를 고용하고 의료 문제에서는 의사를 찾아가듯이, 정치 지도자들 또한 군사 문제에 대해서는 전문성을 가진 장교단을 대리인으로 선임하고 해당 사안에 국한하여 권한을 위임한다. 헌팅턴 또한 이러한 위임 자체를 인정하고 본인과 대리인 간의 이해관계의 충돌

192

이 없다고 보면서, 대리인의 자율성을 매우 포괄적으로 인정했다. 하지만 논리적으로는 그리고 현실에서는 권한 위임을 통해 만들어진 본인과 대리인 사이에 상당한 이해관계의 충돌이 발생할 수 있다. 따라서 본인은 대리인의 권한은 제한하는 한편 대리인의 활동을 감시하고 적극적으로 개입한다.

여기서 대화가 필요하다. 본인과 대리인 사이에 정보 및 전문성의 격차가 분명하지만, 본인은 자신이 대리인에게 위임한 분야에 대해 전문성을 쌓기 위해 스스로 준비하고 정보를 확보하여 최소한의 건전한 판단력을 갖추어야 한다. 즉, 정치 지도자들은 군사 문제에 있어 장교단에게 권한을 위임하지만, 군사 문제에 대한 제한된 전문성을 일정 수준 갖출 수 있도록 노력해야 하며 동시에 최종 결정권한을 가진 집단으로 군사 문제에 대한 최소한의 건전한 판단력을 갖춰야 한다. 평화 시에 민군 간의 대화는 바로 이러한 전문성을 확보하고 판단력을 갖추기 위한 최소한의 노력이다.

하지만 이러한 대화는 권한에서는 평등하지 않다. 즉, 정치 지도자들과 군 지휘부의 대화는 코헨(Eliot A. Cohen)이 지적한 바와 같이 "불평등한 대화(Unequal Dialogue)"이다. 하지만 이러한 불평등성이 대화 자체를 파괴하거나 대화를 통한 정치 지도자들의 판단력 확보 노력 자체를 저해해서는 안 된다. 대화의 효과는 상대방을 동등한 파트너로 대우하는 경우에 극대화된다. 이 때문에 민군의 대화는 "불평등한 대화"가 아니라 "평등한 대화"여야 한다. 물론 이러한 "평등한 대화" 자체는 정치 지도자들이 최종 결정권한을 가진다는 측면에서 "권한의 불평등"을 전제로 한다. 즉, 현실에서 필요한 것은 그리고 한국이 추구해야 하는 것은 "불평등한 권한에 기초한 평등한 대화(Equal Dialogue, Unequal Authority)"이다.

II. 민주주의에 대한 신념

이러한 시각에서 민군관계를 바라본다면, 다음과 같은 문제가 발생한다. 만약 본인이 대리인을 신뢰하지 못하고 전문가의 조언을 거부한 경우, 초래되는 결과를 어떻게 평가할 것인가? 엄밀한 관점에서, 본인이 스스로 선임한 변호사의 법률 조언을 믿지 못하고 자신이 선택한 주치의의 의료 처방을 무시한다면, 그 결과는 본인의 책임이다. 즉, 소송에서 패배하거나 건강에 문제가 생김으로써 발생하는 모든 피해는 대리인의 전문적인 조언을 수용하지 않은 본인의 책임이다. 그렇다면 군사 문제에서도 동일한 논리가 적용되어야 한다. 만약 정치 지도자가 군사적 전문성을 가진 군 지휘부의 조언을 거부한다면, 그 결과 발생하는 군사적 어려움과 안보 위기는 정치 지도자들의 몫이다.

여기서 다음 세 가지 사안이 등장한다. 첫째, 정치 지도자들의 책임은 어떻게 추궁할 수 있는가? 유일한 방법은 선거이다. 즉, 안보 위기를 초래한 정치 지도자들은 유권자들이 선거에서 심판해야 한다. 둘째, 그렇다면 과연 본인은—정치 지도자와 정치 지도자를 선출한 국민/유권자들은—전문적인 조언을 거부하고 자신의 안전을 스스로 위험에 빠뜨릴 수 있는가? 논리적인 답변은 "그렇다"이며, 이에 "이것이 민주주의이다"라는 부연설명이 들어간다. 주권자인 국민은 자신의 운명을 스스로 선택할 수 있는 권리가 있다. 이것이 바로 "틀릴 수 있는 권리(Right to Be Wrong)"이다. 이와 같은 "틀릴 수 있는 권리"를 가지고 있지 않다면, 주권자는 주권자가 아니다. 자신의 운명을 선택할 수 없는 개인이 자유인이 아니듯이, 자신의 안보적 운명을 결정할 수 없는 국민은 민주주의 국가의 주권자가 아니다. 이것은 분명하다.

194

셋째, 주권자가 잘못된 판단을 내려 안보가 위협을 받는 상황이 발생할 수 있다. 하지만 이것은 민주주의 국가에서라면 감수해야 하는 위험이며, 대한민국이 민주주의 국가로 존재하기 위해서 지불해야 하는 비용이다. 안보 위험 때문에 정치 지도자들이 최종 결정권한을 포기하거나 군사 문제에서 발언하지 않는 것은, 파산 위험을 피하기 위해 CEO가 기업 경영에서 결정권한을 행사하지 않는 것이다. 이것은 용납될 수 없다. 동시에 이러한 위험이 얼마나 자주 그리고 얼마나 치명적으로 발생하는가는 "경험적인" 문제이다. 즉, 선거를 통해 선출된 정치 지도자가 군사 문제에 대해서 최종 결정권한을 행사하는 민주주의 체제가 과연 어느 정도의 안보 비용을 지불하게 되는가에 대한 "선험적인" 답변은 존재하지 않는다. 오직 경험적으로 파악할 수 있을 따름이다. 이러한 측면에서 민주주의 국가가 대부분의 전쟁에서 승리했다는 사실은 민주주의를 유지하기 위한 안보 비용이 예상보다 크지 않을 수 있다는 사실을 시사한다. 동시에 군사적 차원에서도 민주주의 국가는 안보 비용을 지불하기보다는 안보적 부가 이익을 획득한다고 볼 수 있다.

뒤집어 말하자면, 민주주의가 아닌 경우에는 더욱 심각한 안보 비용을 지불하게 된다고 볼 수 있다. 이러한 주장에 따르면, 북한과 같이 제도화되어 있지 않고 지배자가 무제한적인 권한을 자유롭게 행사하는 사인주의 독재(personalist dictatorship) 체제에서는 민군관계의 긴장이 발생하며, 이 때문에 정치 지도자들은 군을 정치적 경쟁상대로 파악하고 항상 견제한다. 이러한 정치적 견제와 긴장은 결국 군사적 차원에서 많은 문제점을 야기한다. 이러한 이유 때문에 민주주의 국가들은 대부분의 전쟁에서 승리하며, 비민주주의 국가들은—특히 사인주의 독재 국가들은—많은 전쟁에서 패배하고 결국 소멸한다. 덕분에 지난 200년 동안 민주주의 국가는 지속적으로 증가했다.

III. 민간 부문의 노력

그렇다면 민주주의 국가들은 "대부분의 전쟁에서 승리"하기 때문에 특별히 노력하지 않아도 안보적 부가이익을 향유할 수 있는가? 그렇지 않다. 안보적 부가이익을 누리기 위해서는 또는 안보적 부가이익을 극대화하기 위해서는, 민간 부문의 많은 노력이 필요하다. 민군관계를 본인-대리인 관점에서 파악한다면, 관계를 강화하고 이익을 극대화하기 위해서는 본인의 노력이 중요하다. 일반 개인도 법률 문제에서 변호사에게 모든 것을 위임하지 않고 문제 해결을 위해 스스로도 노력해야 하며, 의사의 전문적인 조언을 바탕으로 환자 본인이 더욱 건강을 챙겨야 하는 것과 마찬가지이다. 결국 민군관계를 발전시키는 것은 최종 결정권한을 가진 본인의—정치 지도자와 이러한 정치 지도자를 선출한 민간의—책임이다. 따라서 민간 부문의 그리고 정치 지도자들의 노력이 더욱 절실하게 요구된다.

그렇다면 구체적으로 어떠한 노력이 필요한가? 우선 민간 부문의 군사 문제에 관한 전문성을 강화해야 한다. 본인-대리인 상황에서 문제의 핵심은 대리인이 본인에 비해 더욱 많은 정보를 가지고 있다는 사실이며, 따라서 이와 같은 정보/전문성의 격차를 줄이는 것이—정보/전문성 격차를 제거하는 것은 불가능하기 때문에—매우 중요하다. 즉, 군사 문제에 대한 정치 지도자들의 관심과 이해도를 높이는 것이 필수적이다. 클레망소의 주장과 같이 "전쟁은 너무나도 중요하기 때문에 군인들에게만 맡겨둘 수 없다"면, 군인이 아닌 민간 지도자들은 전쟁 문제를 이해하고 이에 관여할 정도의 전문성을 갖추어야 한다.

196

따라서 민간 부문의 연구인력 및 역량을 늘려야 한다. 군사 문제의 전문가들을 대리인으로 고용한다고 해도, 해당 문제에 대한 기본적인 사항을 스스로 이해할 수 있는 능력은 갖추어야 한다. 이러한 노력은 본인이 마땅히 수행해야 하는 기본적인 의무이다.

둘째, 정치 지도자들은—대통령 또는 국회의원들은—군 지휘부와 더욱 많이 대화해야 하며, 이러한 대화가 가지는 "불평등성"을 인식하고 불평등성에서 유발되는 부작용을 최소화하기 위해서 노력해야 한다. 즉, 본인은 최종 결정권한을 대리인에게 양보해서는 안 되지만, "평등한 대화"를 유지하면서 대리인과의 신뢰를 구축해야 한다. 자신이 법률문제를 위해 선임한 변호사와 "평등한 대화"가 가능하도록 노력해야 하며 의료 문제와 관련해 자문을 구하고 있는 의사와의 "평등한 대화"가 가능하도록 노력해야 하듯이, 정치 지도자들은 군사 문제의 전문가 집단인 군 장교단과의 "평등한 대화"를 시도하고 이를 위해 노력해야 한다.

셋째, 의회의 더욱 많은 노력이 필요하다. 민군관계를 본인-대리인 관점에서 바라볼 때, 대통령으로 대표되는 행정부와 국회의원으로 대표되는 국회는 모두 본인에 해당하며 군사 문제에 대한 전문성과 정보 부족에 직면한다. 상황 자체는 본질적으로 동일하지만, 그 정도에서는 상당한 차이가 존재한다. 대통령/행정부는 관료조직을 가지고 있기 때문에 전문성 측면에서 상당 부분 보완이 가능하지만, 국회의원/의회는 군사 문제에 대한 정보를 생산할 관료조직을 가지고 있지 않다. 즉, 대통령/행정부는 정보 부족과 취약한 전문성을 제한적으로 보충하는 것이—완전하게 해결하지는 못하지만—가능하지만, 국회의원/의회는 이마저도 쉽지 않다. 즉, 국회의원/의회는 현재 보유한 권한에 비해 전문성이 너무나도 떨어진다.

이것을 해결하기 위해서는 국회의원을 보좌할 의회 소속의 전문적인 행정/연구조직이 필요하다. 의회의 가장 중요한 기능이 행정부 견제임을 고려한다면, 행정부와 대등하지는 않더라도 상당한 규모의 인력과 자원을 사용하여 정보를 생산하고 이를 통해 의원들을 보좌해야 한다. 현재 국회는 입법지원조직의 형태로 국회사무처-국회도서관-국회예산정책처-국회입법조사처 등을 보유하고 있지만, 그 규모와 전문성이 상당히 부족하기 때문에 조직 확대가 시급하다.

모든 경우에서 대리인들은 자신들의 정보 우위와 전문성이 줄어드는 것을 두려워하며, 장교단 또한 이러한 측면에서 예외는 아니다. 그러므로 이러한 군의 행태를 비난하는 데 그치지 않고, 민간 부문은 독자적으로 정보를 생산할 수 있는 능력을 갖추어야 한다. 이것이 최종 결정권한을 가진 정치 지도자들이 집중해야 하는 부분이다. "불평등한 대화"를 "불평등한 권한에 기초한 평등한 대화"로 발전시키기 위해서는 많은 노력이, 특히 전문성이 부족한 정치 지도자들의 끊임없는 노력이 필요하다. 이러한 노력이 전제되어야만 한국의 민군관계가 발전할 수 있다.

기조연설

민군관계와 핵 안보

리처드 베츠 *Richard K. Betts*

해설

독일의 사회학자 베버(Max Weber)는 국가를 "일정한 영토 내부에서 무력수단을 합법적으로 독점하고 있는 조직"이라고 정의했다. 그렇다면 국가가 합법적으로 독점한 무력수단을 어떻게 관리하는가? 이러한 문제에 대한 표준적인 대답은 정치 지도자들이 군사력 사용 문제를 결정하고 이러한 결정을 집행하기 위해 전문성을 가진 군인들에게 권한을 위임한다는 것이다. 즉, 민간 정치 지도자들은 정치를 결정하고, 일단 정치영역에서 전쟁이 결정된다면 기술적 전문성에 기초한 합리성에 기반하여 군인들이 전쟁을 수행한다는 것이다. 하지만 현실에서 이러한 민군관계의 이분법적 구분은 거의 나타나지 않는다. 클라우제비츠가 지적했듯이, 전쟁을 "다른 수단으로 수행되는 정치의 연속"으로 이해한다면, 정치와 전쟁은 쉽게 분리되지 않으며 따라서 민간 지도자들과 군인의 권한 또한 쉽게 구분되지 않는다.

미국 컬럼비아 대학의 베츠 교수는 이번 기조연설을 통해 이러한 문제를 핵무기 시대라는 특수성을 배경으로 분석했다. 베츠 교수가 제시하는 기본 문제는 다음과 같다. 한국과 같이, 쿠데타 가능성이 사라진 국가에서 나타나는 국가의 중요 정책 결정에서 민간 부문인 정치 지도자들과 전문성을 가진 군 사이에 권한을 어떻게 배분하고 동시에 그 균형을 어떻게 유지할 것인가? 이러한 질문은 다음과 같이 두 가지로 구분할 수 있다.

첫째, "전문성을 가진 직업 군인들이 군사력 사용 결정에 있어 어느 정도의 영향력을 가져야 하는가"이다. 이것은 많은 경우, 정치 지도자의 영역으로 상정되는 분야에 군사 전문가가 얼마나 많이 관여할 수 있는가의 문제이다. 즉, 전문성이 결여된 결정이 가지는 문제점과 한계에 대한 경고이다. 둘째, "군사력 사용 방식에 대한 결정에서 민간 부분 및 정치 지도자들의 영향력이 어느 정도까지 인정될 수 있는가"이다. 이것은 전문가들에게 위임된 영역에 어느 정도까지 정치논리가 개입될 수 있는가의 문제이며, 동시에 일단 위임된 권한을 어느 정도까지 제한 또는 통제할 수 있는가의 문제이다.

이러한 문제에 있어서 베츠 교수는 정치 지도자들과 전문적인 직업 군인 사이의 대화를 강조한다. 핵무기가 존재하는 상황에서 민군관계는 더욱 중요하다. 핵무기 사용 결정과 핵무기 사용 방식 등은 단순히 군인 또는 민간인에게만 맡길 수 없으며, 보다 통합적인 접근이 필요하다. 그러나 이러한 통합적인 접근 또한 많은 문제를 야기하며, 동시에 이러한 문제점들이 북한과 연관된 상황에서 어떻게 나타날지에 대해서는 현재 시점에서 예측할 수 없다.

베츠 교수는 기조연설에서 어떠한 답변도 제시하지 않는다. 오히려 많은 질문을, 베츠 교수의 표현을 빌리자면, "무책임하게" 던질 뿐이다. 이제 우리는―한국의 군사 전문가들은―이러한 질문을 고민하고, 분석하고, 이에 대한 답변을 찾아야 한다. 이것이 우리가 기조연설에서 얻을 수 있는 가장 중요한 사항이다.

오늘 연설자로 초대해 주서서 감사합니다. 제가 이처럼 중요한 모임에서 저의 견해를 피력할 수 있는 기회를 가지게 되어 영광입니다. 이번 연설에서 저는 어떤 해답을 제시하기보다는 민군관계와 관련된 다양한 질문을 던지려고 합니다. 저와 같은 학자들은 이와 같이 행동할 수 있는 행운을 가지고 있는데, 이렇게 무책임한 행동은 저희들이, 정치 지도자들과 군사 지도자들이 전 세계의 안전과 안보에 중대한 결과를 가져올 결정을 내려야만 하는 것과 같은 무거운 책임을 지고 있지 않기 때문에 가능합니다. 그러나 책임을 가진 실제 정책결정자들은 이렇게 어려운 문제들에 대한 즉각적인 해결책을 집행하기보다는 일단 생각을 하는 것이 필요합니다. 이러한 문제들은 여러 사항들이 불확실하고, 결정자들의 의견이 일치하지 않기 때문에 더욱 그러합니다.

1 | 민군관계에서 가장 중요한 것은 무엇인가?

민간 정치 지도자들과 전문적인 군사 지도자들의 관계가 중요한 이유는 다음 두 가지이다. 첫째, 국가 내부의 정치적 안정성을 유지하는 것이 핵심이다. 둘째, 전쟁을 관리하고 이에 대비하는 것이다. 첫 번째 사안과 관련된 쟁점은 군대가 정치와 정부 그리고 정책결정에 어느 정도로 적극적인 역할을 맡아야 하는가에 있다. 두 번째 사안에서 쟁점은 민간 지도자들이 전쟁 계획과 작전 그리고 전술에서 어느 정도로 개입할 수 있고 어느 정도로 적극적인 역할을 맡아야 하는가에 있다.

이러한 문제에서 핵심은 권한의 경계이다. 정치 지도자들과 군사 전문가들의 권한은 어떻게 획정되는가? 그리고 어디에서 그 권한이 나뉘어야 하는가? 개별 집단의 역량과 전문성을 고려해야 한다는 일반론을 넘어서, 구체적인 부분에서 어떻게 권한이 부여되고 그 경계가 획정되어야 하는가? 그리고 상대방의 권한에 개입하는 것을 정당화하는 상황은 어떤 것인가? 조금은 추상적인 사례를 들자면, 어느 사안들이 정치 지도자들이 결정해야 하는 정치와 정책의 문제인가? 직업 군인들의 기술적인 전문성이 그 결정의 적절한 토대가 되는 전투 및 작전의 문제라는 것은 어떤 것들인가? 정부의 업무는 민간인들이 그리고 전쟁 관련 업무는 군인들이 독점적으로 관할해야 하는가? 국가안보와 관련된 일부 사안은 정치 지도자의 관할인지 아니면 군사 지도자의 관할인지가 분명하지 않으며, 정치적인 염려와 군사적인 우려가 혼합되어 있다. 따라서 이러한 사안들은 군인들과 정치가들 사이에서 충돌의 근원이 될 수 있다.

핵무기는 이와 같은 질문들이 가진 가장 결정적인 양상들의 몇 가지 측면을 이끌어낸다. 국가는 국가안보를 위해 독자 핵전력을 발전시켜야 하는가? 만일 그렇다면, 누가 그 국가의 핵전략에 대해서 그리고 최적의 핵전력 조합에 대해서 가장 잘 알고 있는가? 위기나 전쟁 상황에서 핵무기의 경계태세 및 이동, 그리고 전투활동을 누가 결정해야 하는가? 핵전력뿐만 아니라 재래식 전력을 동원하는 경우에 위기가 고조되거나 전쟁 위험이 증가한다면, 이러한 결정은 과연 누구의 소관 사항인가? 일단 핵무기를 보유한 경우, 만일 제정신이 아니거나 무책임해 보이는 민간 지도자들이 권력을 장악한다면 군은 의심 없이 이와 같은 민간 지도자들에게 복종해야 하는가, 아니면 제정신이 아니거나 무책임해 보이는 민간 지도자의 매우 위험한 것으로 간주되는 명령에 군이 복종하지 않을 수 있는가?

2 | 국내 정치와 정부의 민군관계

모든 경우에 있어서 군이 정치와 정부를 민간인들에게 맡겨야 하거나 정치화되어서는 안 된다고 여겨지는 것은 아니다. 군의 정치적 중립에 대한 규범들이 서구에서 지배적인 규범이라는 것은 사실이다. 하지만 심지어 나토 동맹 내에서도 상당한 예외가 있었다. 예를 들면, 냉전 시기 동안 그리스와 터키는 모두 군사 통치를 경험했으며, 1970년대 포르투갈 군은 혁명을 일으켰다. 마르크스-레닌주의 체제는 군사 계급에 정치 위원들을 투입함으로써 민간 통제를 강요했다. 중국에서는 인민해방군(PLA)이 바로 중국이라는 국가의 군대가 아니라, 공산당 군대였음을 기억하는 것 역시 중요하다. 즉, 많은 국가들에서 군대가 정치 활동에 개입하는 것은 흔했다.

선진국들을 제외한다면, 군의 정치화는 상대적으로 흔했다. 탈식민화 이후 수십 년 동안 쿠데타는 소위 제3세계, 특히 라틴 아메리카와 아프리카에서 만성적이었다. 볼리비아와 같은 몇몇 국가들은 놀랍도록 빈번하게 쿠데타가 발생했다. [저는 오래전 미국 중앙정보국(CIA)의 젊은 분석가가 한때 그녀의 상사에게 다음 달 안으로 볼리비아에서 쿠데타 가능성이 높다고 보고했다는 이야기를 들었습니다. 볼리비아로부터 쿠데타 계획의 지표에 대한 아무런 기밀 정보를 제공받지 못했기 때문에 그들은 예측 근거가 무엇인지 물었고, 그녀는 간단히 "쿠데타가 연체되었어요!"라고 대답했다고 합니다.]

그렇지만 경제적인 그리고 사회적인 차원에서 근대화가 진행되면서, 문민통제는 강화되어왔다. 태국과 이집트처럼 쿠데타가 증가하는 예외적인 국가가 존재하지만, 기본적으로 군의 개입으로 정권이 전복되는 쿠데타의 빈도는 시간이 흐르면서 감소했다. 그리고 일부 국가에서는 군이 민간 통제와 무관한 특권층으로 남아 있으며 종종 정부를 장악하고 있다. 파키스탄이 가장 좋은 사례라고 할 수 있으며 그래서 이런 이야기가 있다. "대부분의 국가들은 군대를 보유하고 있지만, 파키스탄에서는 군대가 국가를 보유하고 있다." 이는 내가 잠시 후 핵안보에 관한 주제로 돌아왔을 때 기억해야 할 점이다. 그러나 군사 통치에서 벗어난 세계에는 뚜렷한 추세가 있는 것처럼 보이고, 정치에 대한 군사 개입은 일반적으로 불법이라고 여겨진다. 실제로, 터키를 생각해보라. 터키 군부는 냉전 기간 동안 여러 차례 국가 정부를 장악했다. 그러나 오늘날 터키의 고위 군인들은 정치적으로 길들여졌을 뿐만 아니라 에르도안(R. T. Erdogan) 정부에 의해 억압되고 굴욕을 당했다.

자유주의자들은 대체로 정부에 대한 군사 개입을 나쁜 것으로 간주하지만, 항상 그런 것은 아니다. 필리핀 군대가 민주주의를 회복시키기 위해 대중 반란에 협력하고 1986년 독재자 페르디난드 마르코스(Ferdinand Marcos)를 전복시켰을 때 자유주의자들은 그 행동에 박수갈채를 보냈다. 만일 이와 같은 상황이 오늘날 베네수엘라에서 발생한다면, 나는 그 반응이 비슷할 것이라고 추측한다. 대부분의 서구 관측자들에게는 민주주의의 보호가 가장 중요한 가치이기 때문에, 한 국가의 군대가 그 문제에 어떻게 대처하는지가 가장 중요한 고려 사항이 될 것이다. 그러나 서구에서 군대는 거의 언제나 막사에 머물러 있어야 하며, 민간 정치인들이 다소 무능하고 무질서해도 그 국가의 정치적 문제를 해결할 수 있도록 해주어야 한다는 합의가 있다. 하지만 그에 대한 반대 명제에 대해서 그렇게 강한 합의는 존재하지 않는다. 즉, 민간인들이 전쟁에서 싸우는 요령, 또는 병력 배치의 형태와 속도, 국제적 위기 상황에서의 전쟁 준비를 위한 병력의 배치 방법에 관해 군인들의 결정을 수용해야 하는가에 대해서는 그 정도의 강력한 합의는 없다.

3 | 민군관계와 전략

　　제1차 세계대전 당시 프랑스의 수상 조르주 클레망소(Georges
Clemenceau)는 "전쟁은 장군들에게만 맡겨놓기에는 너무나 중요하다"
는 유명한 말을 했다. 그리고 프로이센의 군사철학가 카를 폰 클라우
제비츠(Carl von Clausewitz)는 "전쟁은 다른 수단에 의한 정치의 지속이
다"라는 기본 입장을 밝혔다. 군사 계획과 작전들에 대한 민간 개입
이 어떠한 경우에는 나쁠 수 있고, 다른 경우에는 좋을 수도 있다.

　　군사 계획에서 민간인들의 배제가 얼마나 파멸적일 수 있는지에
관한 극적인 예는 1941년 일본의 진주만 공격이다. 당시 일본 해군
은 진주만에 대한 공격을 결정했으나, 정치 지도자들에게 세부 사항
을 보고하지 않았다. 해군은 공격 개시의 구체적인 목표는 오로지 전
술적인 결정일 뿐이며 민간인들의 관심사가 아니라고 믿었으며, 선
전포고 없는 기습이 필요하다고 믿었다. 그러나 진주만 기습으로 미
국인들은 격분했고 일본이 계획했던 제한전 수행과 평화 협상의 가
능성은 사라졌다. 따라서 군인들보다는 외교관들과 정치가들이 기습
공격에 대한 미국 여론의 향방을 판단하기에 더 나은 위치에 있었는
지도 모른다.

　　상반되는 예로는 2003년 미국의 이라크 침공이 있다. 당시 부시
(George W. Bush) 행정부의 핵심인 네오콘 세력과 정치 지도자들은 전
쟁 계획 수립에 매우 깊게 관여했으며, 침공 자체를 정당화하기 위해
소요 병력이 그다지 크지 않다고 평가했다. 따라서 침공 이후 점령과

안정화 작전에 수십만 명의 병력이 소요될 것이라고 주장했던 에릭 신세키(Eric Shinseki) 미국 육군 참모총장은 경멸의 대상이 되어버렸다. 결국 부시 대통령과 럼즈펠드(Donald Rumsfeld) 국방장관은 소규모 병력으로 이라크를 침공했고 바그다드를 함락시켰지만, 이후 저항세력의 준동과 이라크 안정화에 실패했다. 결국 미국은 병력 부족으로 저항세력을 격퇴할 기회를 놓쳤고, 이후 여러 해에 걸쳐 내전이 진행되었으며 지금까지도 혼란은 지속되고 있다.

가장 중요한 질문들 중 하나는 직업 군인들이 무력사용에 관한 정책 결정에 얼마나 많은 영향력을 가져야 하는가이다. 국가와 시기에 따라, 이에 대한 의견은 제각각이고 근거들도 다양하다. 내가 가지고 있는 지식과 기준은 미국의 사례에 가장 적합하다. 어느 정도의 예외를 인정한다고 해도, 대부분의 연구와 자료에 따르면, 군복무 경험이 있는 경우에 ─직업 군인과 젊은 시절 군에 복무했던 민간인 모두가─ 무력사용에 있어서 신중하게 행동하는 경향이 있다.

미국의 경우에, 군 지도자들은 대체로 해외에서의 무력사용 개시 여부에 대해 적어도 민간 정치인들만큼 회의적이었으며, 때로는 그 이상으로 신중했다. 육군과 해병대의 지도자들은 대부분 자제할 것을 강조하는 반면, 해군과 공군의 지도자들은 그보다는 더욱 공격적이다. 그러나 일단 국가가 전쟁 중이거나 어딘가에 군사적으로 개입하려는 결정이 내려지면 군 지도자들은 민간 정치인들이 종종 선호하는 무력의 제한된 투입보다는 최대한의 군사력을 사용하기를 희망한다.

피터 피버(Peter Feaver)와 크리스토퍼 겔피(Christopher Gelpi)의 연구에 따르면, 군복무 경험이 있는 하원의원이 복무 경험이 없는 의원들보다 더 자주 무력사용을 반대한다. 따라서 미국에서 오늘날 많은 자유주의자들이 장군 출신인 제임스 매티스(James Mattis) 국방장관과 H. R. 맥매스터(H. R. McMaster) 국가안보보좌관의 영향력 때문에 트럼프(Donald J. Trump) 행정부의 무모함이 억제될 수 있다고 기대하는 것은 타당하다.

하지만 미국 이외의 다른 국가들에서도 이러한 경향이 나타나지는 않는다. 다른 국가의 군 지도자들은 종종 각국의 정책에서 호전적인 목소리를 내고 있다고 한다. 대표적인 사례는 1982년 당시 포클랜드/말비나스 제도에 침공하면서 영국과 전쟁을 시작한 아르헨티나 군부 수뇌부가 될 것이다. 내 생각을 입증할 만한 모든 데이터를 가지고 있지는 않지만, 나는 한 국가가 가장 최근에 경험했던 전쟁에서부터 시간적으로 멀리 떨어질수록, 해당 군대는 전쟁을 수행하게 될 가능성이 증가한다고 생각한다. 즉, 전투 경험이 전혀 없는 장군들은 전투 경험을 가진 군 지도자들보다 더욱 공격적일 가능성이 높다. 만일 이것이 사실이라면, 우리들은 위기 상황에서 미래 중국의 결정에 대해 우려해야 한다. 지금으로부터 10년 후 중국 군 지도부의 어느 누구도 전쟁에 대한 개인적인 경험을 갖지 않았을 것이며, 1979년 베트남과의 소규모 충돌조차도 경험하지 못했을 것이다. 물론 이는 북한에도 적용되며, 북한 역시 재래식 무장 전력이 정규전에서 싸운 지 64년이 흘렀다.

4 | 작전과 전술

민간인들은 군인들이 국가 정책이나 정치적 결정을 내릴 역량이 없다고 생각하며, 군인들은(그리고 많은 민간인들 역시) 민간 지도자들은 기술적인 군사문제에 대해 판단할 전문성이 없다고 본다. 그렇다면 정치적 결정과 군사적 전문성이라는 두 가지 책임 사이에서 어떻게 관할권을 획정해야 하는가? 결국 클라우제비츠의 관점에서 정치적 목표와 군사적 도구를 통합하여, 군사적 도구가 정치적 목표를 효과적으로 달성할 수 있도록 작동해야 한다. 실제로 현대 전쟁에서 이것이 어떻게 작동하는지를 파악하는 것은 쉽지 않다. 나는 일본 해군이 진주만 공격에 대해 그들의 전술적 계획의 정치적인 추이를 얼마나 고려하지 못했었는지, 또는 2003년 미국의 민간 지도자들이 그들이 강요했던 작전상의 제한이 얼마나 이라크의 안정화를 가로막게 될지 판단하지 못했음을 언급했다. 이러한 위험들은 또한 정책 이행의 낮은 단계에서는 불확실한 방식으로 발생하며, 핵무기가 연관된 충돌이 발생할 때 그 위험은 극대화된다.

가장 오래된 핵보유국인 미국과 소련의 경험으로부터 얻은 교훈은 향후 새로운 핵 국가 사이의 사안들에 적용될 수 있다. 예를 들자면, 냉전 시기에 전 세계를 초강대국 간의 핵전쟁에 가장 가까이 이끌었던 사건인 1962년 쿠바 미사일 위기가 있다. 미국은 소련이 비밀리에 쿠바에 미사일을 배치했음을 알고 이에 대응하여 모스크바가 미사일을 제거하도록 강제하기 위한 섬의 해상 봉쇄에 착수했다. 2주간의 위기 내내 미국은 상충되는 많은 문제들을 관리해야 했다. 하나는 전쟁을 대비하는 것으로, 만약 전쟁을 피할 수 없게 된다면 그리고 만일 전쟁이 발발하게 된다면 승리를 위해 최선의 군사적 위치에 있어야 한다는 것이었다. 다른 하나는 가능한 한 전쟁을 피하는 것이었다. 극도로 불안한 이와 같은 상황에서 케네디 행정부의 정치 지도자들은 우발적인 전쟁의 위험에 우려했다. 케네디 대통령과 맥나마라 국방장관 등은 봉쇄 작전이 집행되는 과정에서 또는 핵전력의 준비 과정에서 오해나 잘못된 의사소통으로 인해 오판이 나타날 수 있고, 이 때문에 양 진영에서 원하지 않았던 전쟁이 발발할 가능성을 지극히 우려했다. 그리고 이 과정에서 복잡한 위험들과 함께 전쟁의 대비와 전쟁의 회피라는 상충하는 문제의 각기 다른 부분에 집중했던 군인들과 민간 관료들 사이의 마찰이 등장했다.

어떤 사건에서, 군인들은 민간인들의 간섭에 반대하는 것이 아마도 정당했을 것이다. 작전 수행에 대한 우려 때문에, 정치 지도자들은 봉쇄를 직접 집행하는 일선 지휘관에게 명령 계통을 통해 쉴 새 없이 메시지를 보냈다. 당시의 통신 시스템은 오늘날 우리가 가진 것보다 훨씬 능력이 떨어졌으며, 메시지의 전송과 해독에도 시간이 소요되었다는 점을 기억해보라. 정치 지도자들의 메시지 중 일부가 통신 회선을 막히게 했고, 해군 지도자들의 몇몇 중요한 지시 사항들이 부하들에게 전달되지 않았다는 점이 밝혀졌다. 민간 지도자들은 이를 깨닫지 못했으므로, 그들의 행동은 기대하지 않았던 영향을 끼치게 되었다.

하지만 보다 높은 전략의 단계에서, 다른 문제가 존재했으며 이를 둘러싸고 맥나마라(Robert McNamara) 국방장관과 해군 참모총장에 해당하는 작전사령관(CNO)인 조지 앤더슨(George Anderson) 제독이 충돌했다. 당시 미국 해군은 국방부 내에 상황실(the Navy Flag Plot)을 설치하고 쿠바 주변의 봉쇄선 상의 모든 배들이 무엇을 하고 있는지를 계속 추적하고 있었다. 맥나마라 국방장관이 상황실에 들어와 전체 상황을 점검하면서 문제가 발생했다. 맥나마라는 미국의 함선 한 척이 다른 미국 함선들로부터 멀리 떨어져 있다는 점을 알아채고는 앤더슨 제독에게 그 함선이 무엇을 하고 있는지 물었다. 제독은 맥나마라와 함께 온 민간 참모가 그 정보—그 함선은 소련 잠수함을 추적하고, 그 잠수함을 표면으로 끌어내도록 강제하려는 시도를 하고 있었다─에 요구되는 고위급 안보허가증을 가지고 있지 않았으므로 답변하기를 원하지 않았다. 앤더슨은 장관에게 그의 사무실로 돌아가도 된다면서 봉쇄 관리는 해군에게 맡겨두라고 말했다. 이에 그에게 무시당한 맥나마라 국방장관은 반격했다. 맥나마라는 만일 미국의 봉쇄선에 소련 함선이 도달하고 미국 해군 선박이 소련 함선과 통신할 수 없다면 총격전이 발생할 수 있다며 우려했고, 그 지역의 미국 함선들에 러시아어로 말할 수 있는 장교들이 탑승했는지 물었다. 앤더슨 제독은 장관과 국방부의 참모가 그들이 이해하지 못하는 기술적인 문제들을 간섭하고 있다고 화를 내면서, 그들이 잘못하여 해군의 작전을 뒤얽히게 할 것이라고 우려했다. 대신 앤더슨 제독은 맥나마라의 주된 관심사였던 전투의 우발적인 발발 가능성을 우려하지 않았다. 제독이 해군 규정집을 집어들고 휘두르면서 "이 책이 모든 상황을 포괄한다. 제발 우리를 내버려 두라!"고 말하자, 맥나마라는 "나는 존 폴 존스(John Paul Jones)가 무엇을 했었는지가 아니라 당신이 무엇을 할지를 알기 원한다"고 되받아쳤다(존 폴 존스는 미국 혁명 당시 가장 위대한 미국의 해군 영웅이었다). 그 대결이 너무나도 격렬해서 위기 이후 맥나마라는 케네디 대통령을 설득하여 앤더슨 제독을 해군 작전사령관 직위에서 해임했다.

그 사건에서 민간 지도부는 아마도 군이 활용한 특정 전술을 통제하는 것이 정당하다고 주장했을 것이다. 냉전 이후, 군사작전에 대한 오해 때문에 쿠바 미사일 위기 당시 초강대국들이 얼마나 핵전쟁에 근접했었는지 증거들을 확인할 수 있었다. 소련 잠수함 B-59의 이야기이다. 위기의 절정에서 미군 함선들은 소련 잠수함들을 쿠바 근처에 가라앉히기 위해서가 아니라 그 잠수함들을 표면으로 끌어내기 위해 소형 폭뢰들을 떨어뜨렸다. 그러나 당시 B-59에 승선했던 장교들은 그들에게 떨어진 폭뢰의 제한적인 목적에 대해서는 알지 못했으며, 그들이 공격당하고 있다고 믿었다. 또한 그들은 통신 기술의 한계로 인해 모스크바와 연락이 닿지 않았고 전쟁이 실제로 개시될지 여부에 대한 아무런 정보도 얻을 수 없었다. 잠수함 선원들은 B-59 내부의 극심한 열기와 산소 부족으로 엄청난 스트레스에 시달렸다. 소련 지휘 체계는 만일 잠수함에 승선한 최고위층 장교들 중 세 명이 모두 동의하면 그들이 스스로를 방어하기 위해 핵 무장 어뢰를 발사할 수 있는 권한을 부여했다. 당시 B-59에 승선한 그 장교들 중 두 명은 그 권한의 실행에 동의했으나, 세 번째 장교인 바실리 아르키포프(Vasily Arkhipov)가 핵어뢰 사용에 반대했고 덕분에 위기는 의도하지 않게 핵전쟁으로 확산되지 않았다. 아르키포프가 다른 결정을 내리고 동료들의 공격결정에 동의했었다면, 세계의 모든 역사는 그때부터 완전히 달라졌을 것이다. 이는 민간 지도자들이 군 사령관들의 작전상 결정 통제를 염려하도록 만든 핵 시대에 가장 극한 상황에 대한 예이다.

마지막 사건 역시 우리를 핵 안보의 주제로 가까이 이끌어 줄 쿠바 미사일 위기에서 언급하려고 한다. 위기가 고조된 시점에 미국의 핵전력은 평화 시기 경계태세의 최고 수준인 데프콘 2(DEFCON 2: Defense Condition 2)로 격상하여 소련에 대한 폭격 및 미사일 발사 준비를 마쳤다. 이러한 높은 수준의 경계 태세가 선언된 역사상 유일한 시간이었다. 그리고 미국 전략공군사령관 토머스 파워(Thomas Power) 장군이 경고 메시지를 그의 군대에 보냈을 때, 그는 그 메시지가 평문으로 보내지도록 명령했고, 암호화되지 않았던 메시지를 통해 소련은 미국이 전면 핵전쟁을 준비하고 있음을 파악했다. 장군은 후일 스스로 그의 생각을 설명하면서, 러시아인들로 하여금 미국인들이 그들의 머리를 겨눈 권총을 가졌음을 알도록 하기 원했다고 진술했다. 파워 장군은 이것이 모스크바를 두렵게 하는 좋은 생각이라고 판단했다. 그러나 다른 사람들은 이와 같은 평문 통신 때문에 모스크바가 공황 상태에 빠지고 오히려 미국에 대한 선제공격을 감행하기로 결정할 수 있다고 우려했다. 그렇다면 장군은 자신의 판단에 따라 중대한 신호를 보낼 권한을 가져야 하는가? 아니면 이러한 조치는 정치 지도자들이 그러한 메시지에 수반되는 다양한 위험과 기회를 이해하고 그 행동의 예기치 않은 영향의 불확실한 위험을 고려하면서 결정했어야 하는가? 암호화되지 않은 경고 메시지는 순전히 군사적 결정이었는가, 그렇지 않다면 심오한 정치적 결정이었는가?

5 | 핵 안보

미국과 러시아는 거의 70년 동안 핵무기를 보유하고 있으며, 영국, 프랑스, 중국은 거의 반세기 동안 핵무기를 가지고 있다. 반면 이스라엘, 인도, 파키스탄 그리고 북한은 짧은 기간 동안 핵무기를 소유하고 있다. 그러나 1945년 이후 전쟁에서 핵무기는 단 한 번도 사용되지 않았다. 이는 핵 능력의 취급에 대한 억제, 주의 및 안정성의 이유가 잘 이해되고, 국가안보 분야에 깊이 뿌리내리고 있음을 시사한다. 반면에 비관론자들은 우리가 단지 운이 좋았으며, 핵무기 보유국 목록이 늘어나고 시간이 지남에 따라 일부 국가가 그러한 무기를 사용할 기회가 증가할 것이라고 본다.

서구의 많은 사람들은 신생 핵보유국의 지도자들이 오래된 핵보유국들보다 핵 능력에 대해 덜 주의할 수 있다고 우려한다. 비서구 국가에서는 이와 같은 두려움은 비서구인들이 덜 합리적이라고 가정하는 오만이나 편견의 증거로 보일 수 있다. 그러나 우리가 단지 오래된 국가들 사이의 전쟁을 피해왔을 뿐이라면, 이러한 두려움은 합리적으로 모든 국가에 적용될 수 있다.

하지만 민군관계의 측면에서 큰 차이가 있다. 현재 핵무기를 보유하고 있는 모든 나라의 민군관계는 다르다. 신중한 관찰자들은 무모한 민간 정책입안자 또는 무모한 직업 군인의 위험에 대해 항상 걱정할 것이며, 동시에 무모한 정책결정자들은–그들이 민간인이든 군인이든–의도하지 않았던 대재앙을 초래할 수 있다. 어쨌든 어떠한 핵보유국에서든지 정책 결정 체계와 지휘, 통제 및 의사소통 체계의 성격 모두 매우 중요하다. 인도와 파키스탄의 사례를 생각해보라. 인도의 정책 결정 체계에서는 군에 대한 민간 통제가 극대화되며, 파키스탄에서는 민간 통제가 최소화된다. 1999년 카길 전쟁(Kargil War)은 1969년 소련과 중국 사이의 우수리 강(Ussuri River; 烏蘇里江) 충돌 이후 핵무기를 보유한 두 국가가 벌인 직접적인 전투의 유일한 사례이다. 나와즈 샤리프(Nahwaz Sharif) 파키스탄 대통령보다 훨씬 더 많이 전쟁을 계획하고 추진했던 집단은 파키스탄 군대이다. 파키스탄 장군들은 파키스탄이 핵무기를 보유하고 있기 때문에 인도는 파키스탄을 공격하지 못할 것이며, 따라서 파키스탄은 인도의 보복 공격을 우려하지 않고도 인도를 도발하고 자극할 수 있다고 보았다. 그렇다면 이와 같은 도발과 자극 등에 대한 결정은 누구의 권한인가? 전쟁 가능성을 내포하기 때문에 정치 지도자의 명시적인 승인이 필요한가 아니면 일선 지휘관의 군사적 판단으로 이루어질 수 있는가? 만약 다음번에 인도-파키스탄 전쟁이 발생한다면, 정확히 누가 재래식 전투에서 핵전쟁으로 상황을 격화시키는 결정을 내리는가?

그 반대의 문제 또한 존재한다. 민간 지도부는 위험에 대해 더욱 생소할 수도 있으며, 직업 군인들보다 더욱 기꺼이 더욱 많은 위험을 떠맡을 수 있다. 최근까지 미국인들은 이 가능성에 대해 거의 걱정하지 않았다. 그러나 2016년 선거에서 미국은 대부분의 고위급 군 지도자들보다 더욱 호전적인 대통령에게 권력을 부여했다. 이와 같은 상황에서 많은 사람들은 이제 미국 헌법의 전통적 해석에 따라 선출된 대통령이 최고사령관의 권한을 행사하게 된 것을 우려한다. 많은 의회민주주의 국가들 또는 심지어 일부 독재적인 일당 정치 체제들과 달리, 전쟁을 수행하고 군대를 파견하는 문제에 있어 미국 대통령은 내각이나 다른 관료들과 합의할 필요가 없다. 미군은 반드시 대통령의 어떠한 합법적인 명령에라도 따르도록 되어 있으며 심지어 이론상으로는, 핵무기를 발사하라는 명령에도 대통령의 명령에 복종해야 한다.

대통령이 미쳤거나 아무런 타당한 이유 없이 핵전쟁을 시작하기를 원한다면 어떨까? 대부분의 미국인들은 군대가 그와 같은 명령을 무시할 것이라고 가정하지만, 사람들은 일반 원칙의 차원에서 군이 대통령과 불일치할 때마다 불복종할 권한을 인정하지는 않는다. 최근 미국의 자유주의자들 사이에서의 불안은 그저 미심쩍은 가설적 쟁점이라기보다는 현실적인 염려 그 이상이 된 이러한 사안들 때문에 몇 가지 딜레마가 생겨났다. (물론 나는 미국 정부를 위해 이러한 소견들을 피력하는 것이 아니라, 학자로서 발언하는 것이다.) 주목을 받기 시작한 한 가지 아이디어는 핵무기 발사 개시를 위한 모든 권한에 "two-man rule"을 요구하는 법을 통과시키려는 제안으로, 즉 새로운 법률 요건은 혼자서는 누구도, 심지어 대통령이라고 하더라도 적어도 한 명의 지정된 관료의 동의 없이는 핵무기 사용의 개시 권한을 가질 수 없다는

214

것이다. (이는 정치적 차원에서 미국의 대륙간 탄도미사일 발사를 위한 작전 단계에서의 2인 규칙, 즉 두 명의 장교가 동시에 미사일을 발사하는 열쇠를 돌려야 하며, 따라서 한 사람만으로는 물리적 능력을 가질 수 없다고 규정한 기술 체계를 모방한 것이다.) 이 같은 법률 제정은 법안에 찬성하는 합의가 매우 약하고 그것이 합헌적인가에 대한 우려로 인해 가망이 없을지라도, 그 제안 자체가 쟁점을 부각시킨다.

그렇다면 북한에서 핵무기 지휘통제 방식은 무엇인가? 이 질문에 대한 정보를 얼마나 신뢰할 수 있는가? 우리가 더욱 두려워해야 하는 것은 김정은이 어리석게도 핵전쟁 개시를 결정하거나, 북한군이 재래식 전쟁 중에 뜻하지 않게 그렇게 할 수 있다는 것인가? 김정은이 핵무기의 사용을 지시한다면 군에서는 의문 없이 그 명령에 따르겠는가? 그렇지 않다면 군에서 쿠데타로 그를 축출하겠는가? 우리는 그 질문에 대한 답을 알고 있다고 확신할 수 있는가? 이러한 질문에 대한 답변은 우리가 파악해야 하는 정보의 우선순위에서도 가장 중요한 항목이다. 이 쟁점은 민군관계의 두 가지 차원—한편으로는 정치와 정책의, 다른 한편으로는 전략과 작전 그리고 전술의 두 영역에서 각 집단들의 역할—이 하나의 중요한 방식으로 합쳐져 있다.

육군력 포럼 육군력연구소 소장 개회사

안녕하십니까? 서강대학교 육군력연구소 소장 이근욱입니다. 저희 서강대학교 육군력연구소는 (1) 육군 및 군사 문제에 대한 국민적 공감대 형성과 (2) 민간 부분의 육군 및 군사 문제에 대한 연구역량을 강화하기 위해 2015년 6월 설립되었습니다.

지난 2015년 11월 육군력연구소는 제1회 육군력 포럼을 개최하였습니다. 당시 "21세기 한국과 육군력: 역할과 전망"이라는 제목으로 6개의 논문이 발표되었습니다. 2016년 6월에 개최된 2차 포럼은 "미래 전쟁과 육군력"을 주제로 한국이 직면하게 될 전쟁과 그에 대비하는 육군의 과제 등을 다루었습니다. 이러한 두 번의 포럼 결과물은 각각 단행본으로 출판되었습니다.

2017년 6월 20일 오늘 개최되는 제3회 포럼의 주제는 "민군관계와 대한민국 육군"입니다. "민군관계"는 한국 민주주의의 성숙과 직결되는 문제입니다. 1987년 이후 제도적으로 완성된 한국 민주주의는 2017년 올해 30년이 되어 이제 이립(而立)이 되었습니다. 공자님 말씀처럼 한국 민주주의는 "마음이 확고하게 도덕 위에 서서 움직이지 않게" 되었으며, 한국의 민군관계도 이립으로 접어든 한국 민주주의에서 공고하게 자리 잡았습니다. 1987년 상황을 기억하는 사람으로서, 이것은 놀라운 성취라고 생각합니다. 그리고 우리는 이러한 성취를 기념하고 더욱 발전시켜야 합니다.

민군관계의 정립과 발전을 위해서는 민간 부분과 군이 서로를 더욱 많이 이해하고 교류해야 합니다. 특히 군사 부분의 전문성을 가진 민간 연구자들과 민간 부분의 정무적 판단을 잘 이해하는 군인들이 필요합니다. 2017년 현재도 민간과 군의 간극은 여전히 존재하며, 민군관계의 발전에 걸림돌이 되고 있습니다. 서강대학교 육군력연구소는 바로 이러한 부분에서 민간과 군을 이어주는 교량 역할과 함께 민간 부분의 육군 및 군사 문제에 대한 이해를 제고하기 위해 노력하겠습니다. 감사합니다.

2017년 6월 20일
서강대학교 육군력연구소 소장
서강대학교 정치외교학과 교수
이 근 욱

육군력 포럼 육군참모총장 축사

육군참모총장 장준규 대장입니다.

육군본부와 서강대학교가 함께 제3회 육군력 포럼을 개최하게 된 것을 매우 기쁘게 생각합니다.

2015년 11월, 민간에서는 불모지와 다름없던 지상군 연구에 대해 서강대학교가 선구자로서 육군과 함께 국방문제에 대해 국제학술대회를 시작한 것이 벌써 3회째를 맞이했습니다. 그동안 육군력 포럼은 육군이 국가방위의 중심군으로서 그 소임을 완수할 수 있도록 민군 간 새로운 소통의 창을 열어주었고 이는 앞으로 더욱 확대되어 갈 것으로 생각합니다.

특히 이번 포럼을 주관해주시는 박종구 서강대 총장님과 기조연설을 해주실 리처드 베츠 교수님, 진행을 맡아주신 김태현 중앙대 교수님과 박건영 가톨릭대 교수님, 그리고 발제와 토론에 참석해주신 여러 전문가들께 깊이 감사드립니다.

존경하는 내외 귀빈 여러분!

지금 한반도를 둘러싼 안보환경은 매우 위중합니다. 북한의 핵과 미사일 능력이 매우 빠른 속도로 고도화되고 있는 가운데 테러 및 사이버위협은 더욱 지능화되고 있고, 동북아에서의 역내 갈등도 첨예하게 대립되고 있어 국민의 생명과 재산을 지키는 우리 군의 사명 완수가 더욱 중요한 시기입니다.

이러한 시기에 우리 육군은 합동성 발휘의 기반 전력이자 전쟁의 종결자로서, 직면하고 있는 안보위협에 능동적으로 대처하고 다가올 미래 도전들을 극복하기 위해 각고의 노력을 기울이고 있습니다. 이번 포럼은 그 일환으로 「민군관계와 대한민국 육군」이라는 주제에 대해 국내외 전문가들의 다양한 의견과 지혜를 모으는 자리인 만큼 육군이 나아가야 할 미래의 민군관계에 다양한 고견을 부탁드립니다.

존경하는 국방 전문가 여러분!

『전쟁론』의 저자 클라우제비츠가 "국민과 군, 정부가 하나 될 때 튼튼한 안보가 유지될 수 있다"고 강조한 바 있듯이 민군관계는 물고기가 물을 떠나서는 살 수 없는 수어지교의 관계처럼 중요합니다. 더구나 남북 간 이념적으로 대치하고 있는 우리로서는 유사시 국민의지를 결집하는 데 있어 견실한 민군관계의 가치와 비중이 더욱 크다고 하겠습니다.

현대전은 갈수록 비대칭적인 수단과 민간요소의 통합이 중요하게 대두되고 있습니다. 이제 전쟁에서의 승리는 나폴레옹 같은 군사적 천재 한두 사람이 달성해낼 수 없으며, 국가의 정치, 경제, 사회, 문화 등의 각 영역들과 정부기관, 자원들이 통합되어야 이룩할 수 있습니다. 따라서 군사 및 안보 분야에서 국가의 제반 역량을 정확히 이해하고 적법한 절차에 따라 각 요소를 체계적으로 통합할 수 있는 효율적인 민군관계가 구축된다면 보다 강력한 안보태세를 갖출 수 있을 것입니다.

이러한 관계는 하루아침에 완성되는 것이 아니기 때문에 육군은 국민들과 보다 긴밀히 소통하기 위해 다양한 활동을 실시해오고 있습니다. 국가적 차원에서 안보역량을 총합하기 위해서는 군이 주권재민의 민주적 가치와 이에 기초한 법규를 준수하는 한편, 국민들이 군의 전문성과 공공성을 신뢰해야 합니다. 이럴 때 '상생하는 민군관계'가 형성되어 국민의 통합된 의지를 이끌어내어 군을 뒷받침할 수 있을 것입니다.

오늘 논의될 다양한 민군관계에 관한 내용들은 이러한 점에서 매우 의미가 있으며, 향후 군에 큰 도움이 될 것으로 믿습니다. 모쪼록 오늘 포럼을 통해 민군관계를 더욱 튼튼히 할 수 있는 창의적인 방안들이 많이 제시되어 실효성 있는 정책으로 발전되기를 기대합니다.

다시 한 번, 자리를 빛내주신 모든 분들께 진심으로 감사의 말씀을 드리며, 앞으로도 육군에 대한 여러분의 변함없는 성원을 부탁드립니다. 감사합니다.

2017년 6월 20일
육군참모총장 대장
장 준 규

육군력 포럼 서강대학교 총장 축사

안녕하십니까? 서강대학교 총장 박종구입니다.

　　육군력 포럼의 주관학교 총장으로서 제3회 육군력 포럼의 개최를 축하합니다. 오늘 이 자리에 참석해주신 내외 귀빈 여러분들께 감사의 말씀을 전합니다. 우선 기조연설과 발표를 위해 와주신 미국 컬럼비아 대학교의 리처드 베츠 교수님과 웨스트포인트 미국 육군사관학교의 수잰 닐슨 교수님, 감사드립니다. 오늘 두 개의 세션 사회를 맡아주신 중앙대학교의 김태현, 홍규덕 교수님과 가톨릭대학교의 박건영 교수님께도 감사드립니다. 오늘 발표와 토론을 맡아주신 여러 선생님들께도 감사드립니다. 무엇보다도, 오늘 행사를 가능하게 해주신, 서강대학교를 믿어주시고 육군력연구소를 아낌없이 지원해주신 장준규 육군참모총장님께 감사드립니다.

　　우리 서강대학교는 2015년 6월 육군력연구소를 설립하고, 대한민국 육군과의 협력을 통해 민간 부분의 군사 및 육군 문제 전문가와 연구 역량을 육성하고 동시에 육군의 중요성에 대한 국민적 공감대를 형성하려고 합니다. 서강대학교 총장으로서, 이러한 노력은 서강대학교를 위한 일이기도 하지만, 동시에 대한민국 육군을 위한 일입니다. 무엇보다도 이것은 대한민국의 민주주의를 지키기 위한 일입니다.

이번 3회 포럼의 주제는 "민군관계와 대한민국 육군"입니다. 아시다시피 저는 신학을 전공한 사제이며, 한때는 전자공학을 공부하였습니다. 때문에 이러한 주제는 저 개인에게는 생소합니다. 하지만 민주주의 대한민국에서 살고 있는 한 시민으로서, 이 주제의 중요성 자체는 뼈저리게 실감합니다. 제가 서울대학교 전자공학과를 졸업하였던 것은 1979년입니다. 그리고 2017년 오늘까지 거의 40년이 흘렀습니다. 이 기간 동안 한국 민주주의는 고통스러운 나날을 보냈지만 결국 승리하였습니다. 이제 우리는 이전에는 기대하기 어려울 정도의 민주주의를 향유하면서 살고 있습니다. 저는 한 개인으로 한국 민주주의의 승리를 자랑스럽게 생각합니다. 동시에 한 시민으로서 이와 같이 민주주의의 승리를 축하할 수 있는 환경을 조성하고 이에 적응한 대한민국 육군이 자랑스럽습니다.

사제의 입장에서 민군관계를 이해하는 것은 쉽지 않습니다. 하지만 시민의 입장에서 민군관계는, 그것도 제 연배의 시민의 입장에서 민군관계는 직관적으로 많은 것을 이야기해 줍니다. 하지만 직관은 항상 틀릴 수 있습니다. 민군관계에 대한 일반 시민들의 이해는—민군관계에 대한 직관적인 이해는—바로 이러한 측면에서 틀릴 수 있습니다.

오늘 회의에 참석하신 여러분들을 뵙게 되면서, 저는 대한민국 육군이 민군관계의 정립을 위해 얼마나 많이 노력하고 있으며, 얼마나 많은 성과를 거두었는지를 알 수 있습니다. 민군관계와 민주주의를 주제로 한 학술회의를 대한민국 육군이 후원한다는 사실 자체가 저 개인으로는 엄청난 성과라고 생각합니다. 이런 측면에서 육군은 일반 사람들이 생각하는 것보다 훨씬 전향적이며, 개방적입니다.

제 희망은 간단합니다. 대한민국 육군이 지금과 같은 전향적이고 개방적인 태도를 유지하는 것입니다. 제가 학교를 다니고 공부를 했었던 1970년대와 80년대 군(軍)과 민주주의는 양립되기 어렵다고 생각했습니다. 하지만 2017년 현재 시점에서는 상황은 다릅니다. 한국 민주주의는 확고히 자리 잡았고, 민주적 민군관계가 확립되었습니다. 이제 우리는 과거에서 해방되어 지금까지의 성과를 더욱 발전시켜 나가야 하며, 이를 위해 민간 지도자들과 군 지도자들은 모두 함께 노력해야 합니다.

이러한 협력의 중요성을 강조하고 민간 부분과 군의 상호 이해와 상생 가능성을 높이는 것이 서강대학교 육군력연구소의 중요 목표입니다. 또한 이번 포럼의 가장 중요한 목적입니다. 오늘 개최되는 제3회 육군력 포럼이 이러한 목표와 목적을 잘 달성하기를 기원합니다.

마지막으로 이러한 귀중한 자리를 마련해주신 대한민국 육군과 참모총장님께 다시 한 번 감사드립니다. 앞으로 육군력 포럼의 무궁한 발전을 기원합니다. 감사합니다.

2017년 6월 20일
서강대학교 총장
박 종 구

제2장

Bueno de Mesquita, Bruce, James D. Morrow, Randolph M. Siverson and Alastair Smith. "An Institutional Explanation of the Democratic Peace." *American Political Science Review*, Vol. 93, No. 4(December 1999).

Chan, Steve. "Mirror, Mirror on the Wall… Are the Freer Countries More Pacific?" *Journal of Conflict Resolution*, Vol. 28, No. 4(December 1984).

Choi, Ajin. "The Power of Democratic Cooperation." *International Security*, Vol. 28, No. 1(Summer 2003).

_____. "Democratic Synergy and Victory in War, 1817-1992." *International Studies Quarterly*, Vol. 48, No. 3(September 2004).

_____. "Fighting to the Finish: Democracy and Commitment in Coalition War." *Security Studies*, Vol. 21, No. 4(November 2012).

Desch, Michael C. "Democracy and Victory: Why Regime Type Hardly Matters." *International Security*, Vol. 27, No. 2(Fall 2002).

Downes, Alexander. "How Smart and Tough Are Democracies? Reassessing Theories of Democratic Victory in War." *International Security*, Vol. 33, No. 4(Spring 2009).

Doyle, Michael W. "Kant, Liberal Legacies and Foreign Affairs." Parts I and II. *Philosophy and Public Affairs*, Vol. 12, No. 3(Summer 1983).

Farber, Henry, and Joanne Gowa. "Common Interests or Common Polities?" *Journal of Politics*, Vol. 59, No. 2(May 1997).

Fearon, James D. "Domestic Political Audiences and the Escalation of International Disputes." *American Political Science Review*, Vol. 88, No. 4(September 1994).

_____. "Rationalist Explanations for War." *International Organization*, Vol. 49, No. 2(Summer 1995).

Fukuyama, Francis. "The End of History?" *National Interest*, Vol. 16, No. 3

(Summer 1989).

Gartzke, Erik, and Kristian Skrede Gleditsch. "Regime Type and Commitment: Why Democracies are Actually Less Reliable Allies." *American Journal of Political Science*, Vol. 48, No. 4(October 2004).

Gelpi, Christopher, and Michael Griesdorf. "Winners or Losers? Democracies in International Crisis, 1918~94." *American Political Science Review*, Vol. 95, No. 3(September 2001).

Giber, Douglas, and Scott Wolford. "Alliances, Then Democracy: An Explanation of the Relationship between Regime Type and Alliance Formation." *Journal of Conflict Resolution*, Vol. 50, No. 1(February 2006).

Goemans, Hein E. *War and Punishment: The Causes of War Termination and the First World War*(Princeton NJ: Princeton University Press, 2000).

Goldsmith, Benjamin. "Defense Effort and Institutional Theories of Democratic Peace and Victory: Why Try Harder?" *Security Studies*, Vol. 16, No.2(April 2007).

Huntington, Samuel P. *The Third Wave: Democratization in the Late Twentieth Century*(Norman: University of Oklahoma Press, 1991).

_____. "The Clash of Civilizations?" *Foreign Affairs*, Vol. 72, No. 3(Summer 1993).

_____. *The Clash of Civilizations and the Remaking of World Order*(New York, Simon & Schuster, 2011).

Kurizaki, Shuhei, and Tahee Whang. "Dtecting Audience Costs in International Disputes." *International Organization*, Vol. 69, No. 4(Fall 2015), pp. 949~980.

Lake, David. "Powerful Pacifist: Democratic States and War." *American Political Science Review*, Vol. 86, No. 1(March 1992).

Leeds, Brett Ashley, Andrew Long and Sara McLauglin Mitchell. "Reevaluating Alliance Reliability." *Journal of Conflict Resolution*, Vol. 4, No.5(October 2009).

Levy, Jack. "Domestic Politics in War." *Journal of Interdisciplinary History*, Vol. 18, No. 4(Spring 1988).

Modelski, George, and Gardner Perry III. "Democratization in Long Perspective." *Technological Forecasting and Social Change*, Vol. 39, No. 1(1991).

Organski, A. F. K., and Jacek Kugler. *The War Ledger*(Chicago: The University of Chicago Press, 1980).

Peceny, Mark, Caroline C. Beer and Shannon Sanchez-Terry. "Dictatorial Peace?" *American Political Science Review*, Vol. 96, No. 1(March 2002).

Reiter, Dan, and Allan C. Stam. "Democracy, War Initiation, and Victory."
American Political Science Review, Vol. 92, No. 2(June 1998).
_____. *Democracies at War*(Princeton NJ: Princeton University Press, 2002).
Resnick, Evan. "Hang Together or Hang Separately? Evaluating Rival Theories of
Wartime Alliance Cohesion." *Security Studies*, Vol. 22, No. 4(November
2013).
Rosato, Sebastian. "The Flawed Logic of Democratic Peace Theory." *American
Political Science Review*, Vol. 97, No. 4(November 2003).
Rummel, Rudolph. "Liberalism and International Violence." *Journal of Conflict
Resolution*, Vol. 27, No. 1(March 1983).
Russett, Bruce, and Zeev Maoz. "Normative and Structural Causes of the
Democratic Peace, 1946~1986." *American Political Science Review*, Vol.
87, No. 3(September 1993).
Schultz, Kenneth A. "Do Democratic Institutions Constrain or Inform? Contrasting
Two Institutional Perspectives on Democracy and War." *International
Organization*, Vol. 53, No. 2(Spring 1999).
Slantcheve, Branislav, Anna Alexandrova and Erik Gartzke. "Probabilistic Causality,
Selection Bias, and the Logic of the Democratic Peace." *American Political
Science Review*, Vol. 99, No. 3(August 2005).
Small, Melvin, and David J. Singer. "The War Proneness of Democratic Regime,
1816~1965." *Jerusalem Journal of International Relations*, Vol. 1, No. 4
(Summer 1976).
Snyder, Jack, and Erica Borghard. "The Cost of Empty Threats: A Penny, Not a
Pound." *American Political Science Review*, Vol. 105, No. 4(August 2011).
Spiro, David E. "The Insignificance of Liberal Peace." *International Security*, Vol.
19, No. 2(Fall 1994).

제3장

Bar-On, Mordechai. 2014. *Moshe Dayan: A Biography 1915~1981* [in Hebrew].
Tel Aviv: Am Oved Publishers.
Ben-Meir, Yehuda. 2006. "Shikoolei ha'dragim be'yimootim tzvayiim"(civil- military
considerations during armed conflicts)[in Hebrew]. *Civil-Military Relations
in Israel in Times of Military Conflict*. Ram Erez, ed. Tel Aviv: INSS.
Bregman, Ahron. 2000. *Israel's Wars, 1947~1993*. New York, NY: Routledge.
Churchill, Randolph S. 1967. *The Six-Day War* [in Hebrew]. Ramat Gan, Israel:

Masada.

Feldman, Shai. 2003. "Mavo"(introduction)[in Hebrew]. *Civil-Military Relations in Israel: Influences and Restrains*. Ram Erez, ed. Tel Aviv: INSS.

Gluska, Ami. 2006. "Tkoofat Ha'hamtana: Mikre Bokhan Le'yakhasei Ha'dragim" (The Waiting Period: A Case Study of Civil-Military Relations)[in Hebrew]. *Civil-Military Relations in Israel in Times of Military Conflict*. Ram Erez, ed. Tel Aviv: INSS.

_____. 2016. *Eshkol, Give the Order: Israel's Army Command and Political Leadership on the Road to the Six Day War, 1963~1967* [in Hebrew]. Tel Aviv: Ministry of Defense.

Hacohen, Devorah. 2001. "Aliya Ve'klitta"(Immigration and Absorption)[in Hebrew]. *Megamot Ba'khevra Ha'Israelit (Trends in the Israeli Society)*, vol. 1. Ephraim Yaar and Zeev Shavit, eds. Tel Aviv: The Open University press.

James, Laura M. 2012. "Egypt: Dangerous Illusions." *The 1967 Arab-Israeli War: Origins and Consequences*. Roger Louis and Avi Shlaim, eds. Cambridge: Cambridge University Press, pp. 67~69.

Kam, Ephraim. 1974. *Hussein Poteakh Be'milkhama: Milkhemet Sheshet Ha'yamim Be'eynei Ha'yardenim(Hussein Goes to War: Jordan in the 1967 War)* [in Hebrew]. Tel Aviv: Maarakhot.

Kimche, David, and Dan Bavly. 1968. *Soofat Ha'esh: Milkhemet Sheshet Ha'yamim, Mekoroteyha Ve'totzoteyha(The Fire Storm: The Six-Day War, Its Sources and Consequences)* [in Hebrew]. Tel Aviv: 'Am Ha'sefer.

Naor, Arye. "Civil-Military Relations and Strategic Goal Setting in the Six Day War," in *Communicating Security: Civil-Military Relations in Israel*, ed. Udi Lebel (New York: Routledge, 2008).

Oren, Amir. 2012. "Mekhkar Be'Tzahal: Sharon Taram La'kishlonot Shel Milkhemet Levanon"(An IDF Research: Sharon contributed to the failures of the Lebanon War)[in Hebrew], *Haaretz*, September 17, 2012, http://www.haaretz.co.il/news/politics/1.1825161(accessed June 4, 2017)

Oren, Michael B. 2002. *Six Days of War: June 1967 and the Making of the Modern Middle East*. New York: Oxford University Press.

Quandt, William B. 1992. "Lyndon Johnson and the June 1967 War: What Color Was the Light?" *Middle East Journal*, 46:2(spring 1992).

Sagan, Scott D. 1999. "Why Nuclear Spread Is Dangerous." *The Use of Force: Military Power and International Politics*, 5th ed. Robert J. Art and Kenneth N. Waltz, eds. Lanham, Maryland: Rowman and Littlefield.

Segev, Shmuel. 1967. *Red Sheet: The Six-Day War* [in Hebrew]. Tel Aviv: Tversky.

Shelah, Ofer. *Ha'ometz Le'natzeakh(Dare to Win: Security Policy for Israel)* [in Hebrew]. Tel Aviv: Miskal.

Susser, Asher. 1984. *Bein Yarden Le'falastin: Biographia Politit Shel Wasfi al-Tall (On Both Banks of the Jordan: A Political Biography of Wasfi al-Tall)* [in Hebrew]. Tel Aviv: Ha'kibotz Ha'meookhad.

Ya'alon, Moshe. 2006. "ha'siakh bein ha'dereg ha'tzvayi la'dereg ha'medini: ha'ratzooy mool ha'matzooy"(civil-military dialogue: how it should be conducted and the reality)[in Hebrew]. *Civil-Military Relations in Israel in Times of Military Conflict.* Ram Erez, ed. Tel Aviv: INSS.

Ya'alon, Moshe. 2008. *The Longer Shorter Way* [in Hebrew]. Tel Aviv: Miskal.

Yitzhaki, Arieh. 1986. "Shikhroor Yerooshalayim Be'milkhemet Sheshet Ha'yamim" (The Liberation of Jerusalem in the Six-Day War)[in Hebrew], *Yerooshalayim Ke"ir She'khoobra La Yakhdav, Vol. 44~45* (Jerusalem as a Reunited City). Eli Schiller, ed. Jerusalem: Ariel.

문서자료

Memorandum of Conversation, May 25, 1967 https://history.state.gov/historical documents/frus1964-68v19/d64(accessed April 16, 2017)

Telegram from the Department of State to the Embassy in the United Arab Republic, May 26, 1967, https://history.state.gov/historicaldocuments/frus 1964-68v19/d65(accessed April 16, 2017)

Telegram from the Department of State to the Embassy in Israel, May 27, 1967, https://history.state.gov/historicaldocuments/frus1964-68v19/d86(accessed April 16, 2017).

Memorandum by Harold Saunders of the National Security Council Staff to the President's Special Assistant(Rostow), May 31, 1967, https://history.state.gov/ historicaldocuments/frus1964-68v19/d114(accessed May 5, 2017).

Memorandum from Robert N. Ginsburgh of the National Security Council Staff to the President's Special Assistant(Rostow), June 3, 1967, https://history. state.gov/historicaldocuments/frus1964-68v19/d142(accessed May 8, 2017).

Letter from President Johnson to Prime Minister Eshkol, June 3, 1967, https://history.state.gov/historicaldocuments/frus1964-68v19/d139(accesse d May 15, 2017).

The Protocol of the Israeli Cabinet Meeting of June 6, 1967(declassified)[in Hebrew], *Israel's State Archives*, http://www.archives.gov.il/archives/#/

Archive/0b0717068031be32/File/0b0717068526a92b/Item/090717068526a9
a3(accessed May 21, 2017).

The Protocol of the Israeli Cabinet Meeting of June 7, 1967(declassified)[in
Hebrew], *Israel's State Archives*, http://www.archives.gov.il/archives/#/
Archive/0b0717068031be32/File/0b0717068526a92b/Item/090717068526a9
a4(accessed May 24, 2017)

The Protocol of the Israeli Cabinet Meeting on the morning of June 9, 1967
(declassified)[in Hebrew], *Israel's State Archives*, http://www.archives.gov.il/
archives/#/Archive/0b0717068031be32/File/0b0717068526a92b/Item/09071
7068526a9a6(accessed May 29, 2017)

The Protocol of the Israeli Cabinet Meeting on June 9, 1967(declassified)[in
Hebrew], *Israel's State Archives*, http://www.archives.gov.il/archives/#/
Archive/0b0717068031be32/File/0b0717068526a92b/Item/090717068526a9
a5(accessed May 29, 2017).

"Yozmat Sadat Linom Ba'kneset Ve'tgovat Memshelet Israel"(Sadat's initiative to
visit and address the Israeli parliament and the Israeli government's
response)[in Hebrew], *Israel's State Archives*, http://www.archives.gov.il
(accessed June 5, 2017).

제4장

Betts, Richard K. 2009. "Are Civil-Military Relations Still a Problem?" in Suzanne
C. Nielsen and Don M. Snider, eds. *American Civil-Military Relations: The
Soldier and the State in a New Era*. Baltimore, MD: The Johns Hopkins
University Press, pp. 11~41.

Cohen, Eliot A. 2002. *Supreme Command: Soldiers, Statesmen, and Leadership in
Wartime*. New York: The Free Press.

Feaver, Peter D. 2003. *Armed Servants: Agency, Oversight, and Civil-Military
Relations*. Cambridge, MA: Harvard University Press.

Feaver, Peter D., and Christopher Gelpi. 2004. *Choosing Your Battles: American
Civil-Military Relations and the Use of Force*. Princeton, NJ: Princeton
University Press.

Huntington, Samuel P. 1985. *The Soldier and the State: the Theory and Politics of
Civil-Military Relations*. Cambridge, MA: The Belknap Press of Harvard
University Press.

Kristof, Nicholas D. 1987. "Seoul Journal; His Dream is Democracy, His

Nightmare, a Coup." *The New York Times*, July 27, 1987.

McMaster, H. R. 1997. *Dereliction of Duty: Lyndon Johnson, Robert McNamara, the Joint Chiefs of Staff, and the Lies That Led to Vietnam*. New York: HarperCollins.

Quinlivan, James T. "Coup-Proofing: Its Practices and Consequences in the Middle East." *International Security*, Vol. 24, No. 2(Autumn 1999), pp. 131~165.

Reiter, Dan., and Allan C. Stam. 2002. *Democracies at War*. Princeton, NJ: Princeton University Press.

Weber, Max. 1974. "Politics as a Vocation." in H. H. Gerth and C. Wright Mills, eds. *From Max Weber: Essays in Sociology*. London: Routledge & Kegan Paul Ltd., pp. 77~128.

제5장

가야노 도시히토(萱野稔人). 2010. 『국가란 무엇인가』. 산눈.

공진성. 2007. 「탈영웅적 사회와 평화의 전망」. ≪인문사회과학연구≫, 제16집, 9~34쪽.

김경희. 2009. 『공화주의』. 책세상.

마키아벨리, 니콜로(Niccolò Machiavelli). 2003. 강정인 외 옮김. 『로마사 논고』. 한길사.

_____. 2015. 강정인·김경희 옮김. 『군주론』(제4판 개역본). 까치.

문승숙. 2007. 『군사주의에 갇힌 근대』. 또하나의문화.

뮌클러, 헤어프리트(Herfried Münkler). 2012. 공진성 옮김. 『새로운 전쟁』. 책세상.

_____. 2017. 장춘익·탁선미 옮김. 『파편화한 전쟁』. 곰출판.

박상섭. 1996. 『근대국가와 전쟁』. 나남.

서병훈. 2011. "아테네 민주주의에 대한 향수: 비판적 성찰", 전경옥 외, 『서양 고대·중세 정치사상사』. 책세상.

슈나이더, 볼프(Wolf Schneider). 2015. 박종대 옮김. 『군인: 영웅과 희생자, 괴물들의 세계사』. 열린책들.

슈미트, 칼(Carl Schmitt). 1992. 김효전 옮김. 「홉스의 국가론에서의 리바이아턴」. 『로마 가톨릭주의와 정치형태: 홉스 국가론에서의 리바이아턴』. 교육과학사.

스미스, 애덤(Adam Smith). 2007. 김수행 옮김. 『국부론』. 비봉출판사.

윤 비. 2014. 「고대 헬리스 세계에서 민주주의(demokratia) 개념의 탄생: 헤로도토스 "역사" 제3권의 이성정부논쟁을 중심으로」. ≪사회과학연구≫, 22권 2호, 42~67쪽.

클라우제비츠, 카를 폰(Carl von Clausewitz). 2009. 『전쟁론』(전3권). 갈무리.

하상복. 2014. 『죽은 자의 정치학』. 모티브.

Münkler, Herfried. 2006. "Nach der Wehrpflicht. Das Verschwinden der Massenheere und die Folgen für die Zivilgesellschaft." Der Wandel des Krieges: Von der Symmetrie zur Asymmetrie. Velbrück Wissenschaft, 251~263.

Spinoza, Benedictus de. 1677. Tractatus Politicus in Opera Posthuma. Amsterdam.

Werkner, Ines-Jacqueline. 2011. "Wehrpflicht und Zivildienst: Bestandteile der politischen Kultur?" Aus Politik und Zeitgeschichte, 48, 39~45.

제6장

1. 북한자료

≪로동신문≫, 2017년 8월 15일, 2017년 9월 25일.

〈조선중앙통신〉, 2013년 4월 2일, 2017년 3월 7일.

2. 국내자료

1) 단행본

국가안보전략연구원. 2016. 『김정은 집권 5년 실정 백서』. 서울: 국가안보전략연구원.

국방부. 2016. 『국방백서 2016』. 서울: 국방부.

정성윤·이동선·김상기·고봉준·홍민. 2016. 『북한 핵 개발 고도화의 파급영향과 대응방향』. 서울: 통일연구원.

2) 논문

고재홍. 2005. 「북한군의 비상시·평시 군사 지휘체계 연구」. ≪통일정책연구≫, 제14권 제2호, 129~152쪽.

김갑식. 2014. 「김정은 정권의 수령제와 당·정·군 관계」. ≪한국과 국제정치≫, 제30권 1호, 29~64쪽.

김보미. 2017. 「김정은 정권의 핵무력 고도화의 원인과 한계: 북한의 수직적 핵확산과 정권안보」. ≪국방정책연구≫, 제33권 제2호, 35~64쪽.

_____. 2016. 「북한의 핵전력 지휘통제체계와 핵안정성」. ≪국가전략≫, 제22권 3호, 37~58쪽.

이근욱. 2007. 「국제체제의 안정성과 새로운 핵보유 국가의 등장: 21세기의 핵확산 논쟁」. ≪사회과학연구≫, 제15권 2호, 280~310쪽.

_____. 2005. 「북한의 핵전력 지휘-통제 체계에 대한 예측: 이론 검토와 이에 따른 시론적 분석」. ≪국가전략≫, 제11권 3호, 97~111쪽.

3) 신문

≪국민일보≫, 2017년 5월 29일.

〈연합뉴스〉, 2012년 11월 2일, 2013년 8월 22일, 2016년 9월 14일, 2016년 2월 21일.

3. 국외자료

1) 단행본

Horowitz, Michael C. 2010. *The Diffusion of Military Power: Causes and Conse-quences for International Politics.* Princeton, NJ: Princeton University Press.

Narang, Vipin. 2014. *Nuclear Strategy in the Modern Era.* Princeton, NJ: Princeton University Press.

Talmadge, Caitlin. 2015. *The Dictator's Army: Battlefield Effectiveness in Authori-tarian Regimes.* Ithaca, NY: Cornell University Press.

2) 논문

Dunn, Lewis A. 1978. "Military Politics, Nuclear Proliferation, and the Nuclear Coup d'Etat." *Journal of Strategic Studies*, Vol. 1, No. 1, pp. 31~50.

Feaver, Peter D. 1997. "Neooptimists and the Enduring Problem of Nuclear Proliferation." *Security Studies*, Vol. 6, No. 4, pp. 93~125.

_____. 1992/1993. "Command and Control in Nuclear Emerging States." *International Security*, Vol 17. No. 3, pp. 160~187.

Feaver, Peter D., and Emerson M. S. Niou. "Managing Nuclear Proliferation: Condemn, Strike or Assist?" *International Security*, Vol. 40, No. 2, pp. 209~233.

Gartzke, Erik, Jeffrey M. Kaplow and Rupal N. Mehta. 2013. "The Determinants of Nuclear Force Structure." *Journal of Conflict Resolution*, Vol. 58, No. 3, pp. 481~508.

Hymans, Jacques E. C. 2008. "Assessing North Korea's Nuclear Intentions and Capacities: A New Approach." *Journal of East Asian Studies*, Vol. 8, No. 2, pp. 259~292.

Miraglia, Sébastien. 2013. "Deadly or Impotent?: Nuclear Command and Control in Pakistan." *Journal of Strategic Studies*, Vol. 36, No. 6, pp. 841~866.

Monteiro, Nuno P., and Alexandre Debs. 2014. "Strategic Logic of Nuclear Proliferation." *International Security*, Vol. 39, No. 2, pp. 7~51.

Narang, Vipin. 2009/2010. "Posturing for Peace?: Pakistan's Nuclear Postures and South Asian Stability." *International Security*, Vol. 34, No. 3, pp. 38~78.

Peceny, Mark, Caroline C. Beer and Shannon Sanchez-Terry. 2002. "Dictatorial Peace?" *The American Political Science Review*, Vol. 96, No. 1, pp. 15~26.

Rajagopalan, Rajesh. 2008. "India: The Logic of Assured Retaliation." in Muthiah Alagappa, ed. *The Long Shadow: Nuclear Weapons and Security in 21st Century Asia*. Stanford, CA: Stanford University Press, pp. 188~214.

Sagan, Scott D. 1996/1997. "Why Do States Build Nuclear Weapons?: Three Models Search of a Bomb." *International Security*. Vol. 3, No. 3, pp. 54~86.

_____. 2011. "The Causes of Nuclear Weapons Proliferation." *Annual Review of Political Science*, Vol. 14, No. 1, pp. 225~244.

Seng, Jordan. 1997. "Less Is More: Command and Control Advantages of Minor Nuclear States." *Security Studies*, Vol. 6, No. 4, pp. 50~92.

Singh, Sonali, and Christopher Way. 2013. "The Correlates of Nuclear Proliferation." *The Journal of Conflict Resolution*, Vol. 48, No. 6, pp. 859~885.

Steinbruner, John D. 1987. "Choices and Tradeoffs," in Ashton B. Carter, John D. Steinbruner, and Charles A. Zraket, eds. *Managing Nuclear Operations*. Washington D.C.: The Brookings Institution, pp. 535~554.

Svolik, Milan W. 2009. "Power Sharing and Leadership Dynamics in Authoritarian Regimes." *American Journal of Political Science*. Vol. 53, No. 2, pp. 477~494.

Talmadge, Caitlin. 2016. "Different Threats, Different Militaries: Explaining Organizational Practices in Authoritarian Armies." *Security Studies*, Vol. 25, No. 1, pp. 111~141.

Way, Christopher, and Jessica Weeks. 2013. "Making It Personal: Regime Type and Nuclear Proliferation." *American Journal of Political Science*, Vol. 58, No. 3, pp. 705~719.

Weeks, Jessica L. 2008. "Autocratic Audience Costs: Regime Type and Signaling Resolve." *International Organization*, Vol. 62, No. 1, pp. 35~64.

3) 기타 자료

Bermudez Jr., Joseph S. 2016. "Is North Korea Building a New Submarine?" *38 North*, 30 September, https://38north.org/2016/09/sinpo093016/

Narang, Vipin, and Ankit Panda. 2017. "Command and Control in North Korea: What a Nuclear Launch Might Look Like." *War on the Rocks*. September 15, p. 4, https://warontherocks.com/2017/09/command-and-control-in-north-korea-what-a-nuclear-launch-might-look-like/

지은이 (가나다순) ────────────────────────────

공진성

조선대학교 정치외교학과 부교수

서강대학교 정치외교학과 학사, 석사

독일 Humboldt-Universität 정치학 박사

서강대학교 사회과학연구소 연구교수, 한국사회과학자료원 전임연구원, 한국정치사
  상학회 이사 등 역임.

『루소: 정치를 논하다』, 『폭력이란 무엇인가: 기원과 구조』, 「독립유공자 및 호국용
  사를 얼마나 존경하십니까: 보훈대상자에 대한 존경심의 결정요인 분석」(공저),
  "The Foundation of the North Korean Workers' Party"(공저) 등 집필

김보미

국가안보전략연구원 북한연구실 부연구위원

University of Michigan, Ann Arbor 학사, New York University 석사

북한대학원대학교 북한학(군사안보) 박사

중앙대학교 강사, 통일연구원 박사후연구원 역임

「북한의 핵 선제 불사용(No First Use) 선언의 배경과 의미」, 「북한의 핵 전력 지휘통
  제체계와 핵 안정성」, "North Korea's Siege Mentality: A Socio-Political Analysis
  of the Kim Jong Un Regime's Foreign Policies" 등 집필

니브 파라고 Niv Farago

서강대학교 국제대학원 조교수

Tel Aviv University 학사, 연세대학교 석사

Cambridge University 국제관계학 박사

Johns Hopkins University U.S.-Korea Institute at the Paul Nitze School 방문학자,
  서강대학교 사회과학연구소 선임연구원 등 역임

"Washington's Failure to Resolve the North Korean Nuclear Conundrum: Examining
  Two Decades of U.S. Policy", "The Next Korean War: Drawing Lessons from
  Israel's Experience in the Middle East" 등 집필

리처드 베츠 Richard K. Betts

Columbia University 교수

Harvard University 학사, 석사, 박사

잘츠만 전쟁평화연구소 소장

SWAMOS(Summer Workshop on Analysis of Military Operations and Strategy) 프로그램 창시 및 운영

미국외교협회, 브루킹스 연구소 연구원

Soldiers, Statesmen, and Cold War Crises, Nuclear Blackmail and Nuclear Balance, Enemies of Intelligence: Knowledge and Power in American National Security, American Force: Dangers, Delusions, and Dilemmas in National Security, The Irony of Vietnam: The System Worked, Paradoxes of Strategic Intelligence: Essays in Honor of Michael I. Handel 등 집필

미국 국제정치학회 최우수 학자상(2005), MIT 대학 둘리틀 국가안보연구상(2012) 수상

수잰 닐슨 Suzanne C. Nielsen

U.S. Military Academy 교수

U.S. Military Academy 졸업

Harvard University 석사, 박사

미 국가정보국/사이버사령부 자문, 이라크 다국적군(MNF-I) 지휘관 자문단, 주한 미 정보대대 전구분석통제반(ACE) 반장 및 행정장교 복무 경험

American Civil-Military Relations: The Soldier and State in a New Era(공저), *Taking Sides: Clashing Views in American Foreign Policy(6th Edition)*(공저), "An Army Transformed: The U.S. Army's Post-Vietnam Recovery and the Dynamics of Change in Military Organizations" 등 집필

이근욱

서강대학교 정치외교학과 교수

서울대학교 외교학과 학사, 석사

Harvard University 정치학 박사

『왈츠 이후』, 『이라크 전쟁』, 『냉전』, 『쿠바 미사일 위기』 등 집필

최아진

연세대학교 국제학대학원 교수

현) 연세대학교 통일연구원 원장

연세대학교 정치외교학과 학사, 석사

Duke University 정치학 박사

주요 논문은 *International Security, International Studies Quarterly, Journal of Conflict Resolution, Security Studies* 등에 게재

한울아카데미 2077
서강 육군력 총서 3

민군관계와 대한민국 육군
ⓒ 서강대학교 육군력연구소, 2018

기획 서강대학교 육군력연구소 **엮은이** 이근욱
지은이 공진성·김보미·니브 파라고·리처드 베츠·수잰 닐슨·이근욱·최아진
펴낸이 김종수 **펴낸곳** 한울엠플러스(주) **편집책임** 배유진

초판 1쇄 인쇄 2018년 6월 5일 **초판 1쇄 발행** 2018년 6월 20일

주소 10881 경기도 파주시 광인사길 153 한울시소빌딩 3층
전화 031-955-0655 **팩스** 031-955-0656 **홈페이지** www.hanulmplus.kr
등록번호 제406-2015-000143호

ISBN 978-89-460-7077-6 93390

Printed in Korea.
※ 책값은 겉표지에 표시되어 있습니다.

※ 이 연구의 초고는 서강대학교 육군력연구소에서 개최한
   제3회 육군력 포럼 '민군관계와 대한민국 육군'(2017.6.20)에서
   발표되었습니다.

※ 이 도서의 국립중앙도서관 출판예정도서목록(CIP)은
   서지정보유통지원시스템 홈페이지(http://seoji.nl.go.kr)와
   국가자료공동목록시스템(http://www.nl.go.kr/kolisnet)에서
   이용하실 수 있습니다. (CIP제어번호: CIP2018016329)